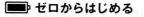
■ ゼロからはじめる docomo

# XPERIA
# Ace II

エクスペリア
エースマークツー

ドコモ Xperia Ace II SO-41B  トガイド

技術評論社

技術評論社

# ■ CONTENTS

## Chapter 3
## インターネットとメールを利用する

## Chapter 4
## Google のサービスを使いこなす

# ■ CONTENTS

## Chapter 5
# ドコモのサービスを利用する

## Chapter 6
# 音楽や写真・動画を楽しむ

## Chapter 7
# SO-41B を使いこなす

## ご注意：ご購入・ご利用の前に必ずお読みください

●本書に記載した内容は、情報の提供のみを目的としています。したがって、本書を用いた運用は、必ずお客様自身の責任と判断によって行ってください。これらの情報の運用の結果について、技術評論社および著者、アプリの開発者はいかなる責任も負いません。

●ソフトウェアに関する記述は、特に断りのない限り、2021年6月現在での最新バージョンをもとにしています。ソフトウェアはバージョンアップされる場合があり、本書での説明とは機能内容や画面図などが異なってしまうこともあり得ます。あらかじめご了承ください。

●本書は以下の環境で動作を確認しています。ご利用時には、一部内容が異なることがあります。あらかじめご了承ください。
端末 ： Xperia Ace II SO-41B（Android 11）
パソコンのOS ： Windows 10

●インターネットの情報については、URLや画面などが変更されている可能性があります。ご注意ください。

以上の注意事項をご承諾いただいたうえで、本書をご利用願います。これらの注意事項をお読みいただかずに、お問い合わせいただいても、技術評論社は対処しかねます。あらかじめ、ご承知おきください。

# Xperia Ace Ⅱ
# SO-41Bのキホン

OS・Hardware

# Xperia Ace Ⅱ SO-41Bについて

Xperia Ace Ⅱ SO-41Bは、ドコモから発売されたソニー製のスマートフォンです。Googleが提供するスマートフォン向けOS「Android」を搭載しています。

## ■ SO-41Bの各部名称を覚える

表面

裏面

| ❶ | ヘッドセット接続端子 | ❾ | カメラレンズ |
|---|---|---|---|
| ❷ | フロントカメラレンズ | ❿ | フラッシュ/フォトライト |
| ❸ | 通知LED | ⓫ | 音量キー/ズームキー |
| ❹ | 受話口 | ⓬ | 電源キー/指紋センサー |
| ❺ | 近接/照度センサー | ⓭ | Googleアシスタントキー |
| ❻ | ディスプレイ | ⓮ | USB Type-C接続端子 |
| ❼ | 送話口/マイク | ⓯ | nanoUIMカード/microSDカード挿入口 |
| ❽ | スピーカー | | |

# SO-41Bの特徴

Xperia Ace II SO-41Bは、Android 11を搭載したスマートフォンです。コンパクトサイズながらもフレームいっぱいに広がるディスプレイが特徴で、指紋認証やおサイフケータイなど、必要な機能を十分に備えています。また、メインカメラはレンズを2つ搭載し、背景をぼかしたような雰囲気ある写真もかんたんに撮影することができます。もちろん、従来の携帯電話のように通話やメール、インターネットも利用できます。なお、本書ではSO-41Bと型番で表記します。

コンパクトサイズにもかかわらず大きな画面を搭載。Webページや地図なども見やすく表示できます。

3.5mmオーディオジャックを搭載しているので、お手持ちのヘッドフォンをそのまま使用できます。

2つのレンズを搭載し、背景をぼかした撮影が可能です。シーンに応じた最適な設定で撮影できます。

大容量バッテリーを搭載し、Xperia独自の充電最適化技術により劣化しにくくなっています。

# 電源のオン・オフと
# ロックの解除

OS・Hardware

電源の状態には、オン、オフ、スリープモードの3種類があります。
3つのモードは、すべて電源キー／指紋センサーで切り替えが可能
です。一定時間操作しないと、自動でスリープモードに移行します。

## ■ ロックを解除する

**(1)** スリープモードで電源キー／指紋
センサーを押します。

押す

**(2)** ロック画面が表示されるので、画
面を上方向にスワイプ（P.13参
照）します。

17:57
6月2日水曜日　**スワイプする**

**(3)** ロックが解除され、ホーム画面が
表示されます。再度、電源キー
／指紋センサーを押すと、スリー
プモードになります。

---

**MEMO** **スリープモードとは**

スリープモードは、画面の表示
が消えている状態です。バッテ
リーの消費をある程度抑えるこ
とはできますが、通信などは行
われており、スリープモードを解
除すると、すぐに操作を再開す
ることができます。また、操作
をしないと一定時間後に自動的
にスリープモードに移行します。

## ■ 電源を切る

**(1)** 電源が入っている状態で、電源キー／指紋センサーを1秒以上押します。

1秒以上押す

**(2)** メニューが表示されるので、＜電源を切る＞をタップすると、完全に電源がオフになります。

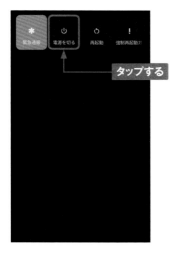

タップする

**(3)** 電源をオンにするには、電源キー／指紋センサーを画面が点灯するまで押します。

画面が点灯するまで押す

### MEMO ロック画面からのカメラの起動

ロック画面から直接カメラを起動するには、ロック画面で◯をスワイプします。

スワイプする

充電が完了しました

# SO-41Bの基本操作を覚える

SO-41Bのディスプレイはタッチスクリーンです。指でディスプレイをタップすることで、いろいろな操作が行えます。また、本体下部にある3種類のキーアイコンの使い方も覚えましょう。

OS・Hardware

## キーアイコンの操作

戻る　　ホーム　　履歴

### MEMO 画面の回転

SO-41Bと表示している画面の向きが異なるとき、「画面を回転」というキーアイコンが表示される場合があります。タップすると、SO-41Bの向きに合わせて縦または横に画面が回転します。

画面を回転

| キーアイコンとその主な機能 | | |
|---|---|---|
|  | 戻る | タップすると直前に操作していた画面に戻ります。メニューや通知パネルなどを閉じることもできます。 |
| | ホーム | タップするとホーム画面が表示されます。 |
| | 履歴 | ホーム画面やアプリを使用中にタップすると、最近使用したアプリがサムネイルで一覧表示されます（P.21参照）。 |

# タッチスクリーンの操作

## タップ／ダブルタップ

タッチスクリーンに軽く触れてすぐに指を離すことを「タップ」、同操作を2回くり返すことを「ダブルタップ」といいます。

## ロングタッチ

アイコンやメニューなどに長く触れた状態を保つことを「ロングタッチ」といいます。

## ピンチ

2本の指をタッチスクリーンに触れたまま指を開くことを「ピンチアウト」、閉じることを「ピンチイン」といいます。

## スライド（スクロール）

文字や画像を画面内に表示しきれない場合など、タッチスクリーンに軽く触れたまま特定の方向へなぞることを「スライド」または「スクロール」といいます。

## スワイプ（フリック）

タッチスクリーン上を指ではらうように操作することを「スワイプ」または「フリック」といいます。

## ドラッグ

アイコンやバーに触れたまま、特定の位置までなぞって指を離すことを「ドラッグ」といいます。

OS・Hardware

# ホーム画面の使い方

タッチスクリーンの基本的な操作方法を理解したら、ホーム画面の見方や使い方を覚えましょう。本書ではホームアプリを「docomo LIVE UX」に設定した状態で解説を行っています。

## 1 ホーム画面の見方

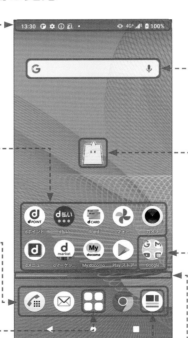

ステータスバー
ステータスアイコンや通知アイコンが表示されます（P.16～17参照）。

アプリアイコン
「dメニュー」などのアプリのアイコンが表示されます。

ドック
ホーム画面を切り替えても常に同じアプリアイコンが表示されます。

アプリ一覧ボタン
すべてのアプリを表示します。

マイマガジンボタン
タップすると、ユーザーが選んだジャンルの記事を表示する「マイマガジン」を利用できます（P.130参照）。

ウィジェット
アプリが取得した情報を表示したり、設定のオン／オフを切り替えたりすることができます（P.22参照）。

マチキャラ
タップすると、my daizを起動して知りたいことに応えてくれます（P.122参照）。

フォルダ
アプリアイコンを1箇所にまとめることができます。

インジケーター
現在見ているホーム画面の位置を示します。左右にスワイプ（フリック）したときに表示されます。

# ホーム画面を左右に切り替える

**(1)** ホーム画面は、左右に切り替えることができます。まずは、ホーム画面を左方向にスワイプ（フリック）します。

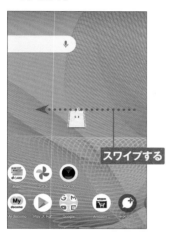

スワイプする

**(2)** ホーム画面が、1つ右の画面に切り替わります。

**(3)** ホーム画面を右方向にスワイプ（フリック）すると、もとの画面に戻ります。

スワイプする

### MEMO ホーム画面を上方向にスワイプ

ホーム画面を上方向にスワイプすると、＜マイマガジンボタン＞をタップしなくても「マイマガジン」を利用することができます。

スワイプする

OS · Hardware

# 情報を確認する

画面上部に表示されるステータスバーから、さまざまな情報を確認することができます。ここでは、通知される表示の確認方法や、通知を削除する方法を紹介します。

## ■ ステータスバーの見方

16:23 ... 🔕 📶 🔋100%

**通知アイコン**

不在着信や新着メール、実行中の作業などを通知するアイコンです。

**ステータスアイコン**

電波状態やバッテリー残量など、主にSO-41Bの状態を表すアイコンです。

| | 通知アイコン | | ステータスアイコン |
|---|---|---|---|
| M | 新着Gmailメールあり | 🔕 | マナーモード（ミュート）設定中 |
| ➕ | 新着+メッセージあり | 📳 | マナーモード（バイブレーション）設定中 |
| ✉ | 新着ドコモメールあり | 📶 | Wi-Fi接続中および接続状態 |
| 📞 | 不在着信あり | 📶 | 電波の状態 |
| 📼 | 留守番電話あり | 🔋 | バッテリー残量 |
| 📼 | 伝言メモあり | ✳ | Bluetooth接続中 |

# 📓 通知を確認する

**(1)** メールや電話の通知、SO-41B の状態を確認したいときは、ステータスバーを下方向にドラッグします。

**(2)** 通知パネルが表示されます。各項目の中から不在着信やメッセージの通知をタップすると、対応するアプリが起動します。ここでは<すべて消去>をタップします。

**(3)** 通知パネルが閉じ、通知アイコンの表示も消えます（消えない通知アイコンもあります）。なお、通知パネルを上方向にドラッグすることでも、通知パネルが閉じます。

## 📝 MEMO ロック画面での通知表示

スリープモード時に通知が届いた場合、ロック画面に通知内容が表示されます。ロック画面に通知を表示させたくない場合は、P.159を参照してください。

# クイック設定ツールを
# 利用する

クイック設定ツールは、SO-41Bの主な機能をかんたんに切り替えられるほか、状態もひと目でわかるようになっています。ほかにもドラッグ操作で画面の明るさも調節できます。

OS・Hardware

## クイック設定パネルを展開する

(1) ステータスバーを下方向にドラッグすると、クイック設定パネルが表示されます。クイック設定パネルに表示されているクイック設定ツールをタップすると、オン／オフを切り替えることができます。

タップする

(2) クイック設定ツールが表示された状態で、さらに下方向にドラッグすると、クイック設定パネルが展開されます。

ドラッグする

(3) クイック設定パネルの画面を左方向にフリックすると、次のパネルに切り替わります。

フリックする

### MEMO そのほかの表示方法

ステータスバーを2本指で下方向にドラッグして、クイック設定パネルを展開することもできます。クイック設定パネルを非表示にするには、上方向にドラッグするか、◀をタップします。

**クイック設定ツールの機能**

タップでクイック設定ツールのオン／オフを切り替えられるだけでなく、クイック設定ツールによっては、ロングタッチすると詳細な設定が表示されるものもあります。

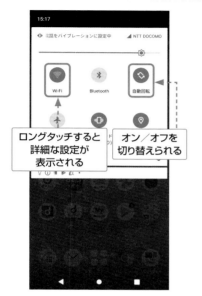

ロングタッチすると詳細な設定が表示される

オン／オフを切り替えられる

画面の明るさを調節できる

| クイック設定ツール | オンにしたときの動作 |
|---|---|
| Wi-Fi | Wi-Fi（無線LAN）をオンにし、アクセスポイントを表示します（P.180参照）。 |
| Bluetooth | Bluetoothをオンにします（P.184参照）。 |
| 自動回転 | SO-41Bを横向きにすると、画面も横向きに表示されます。 |
| 機内モード | すべての通信をオフにします。 |
| マナーモード | マナーモードを切り替えます（P.63参照）。 |
| 位置情報 | 位置情報をオンにします。 |
| ニアバイシェア | 付近の対応機器とファイルを共有します。 |
| ライト | SO-41Bの背面のライトを点灯します。 |
| STAMINAモード | STAMINAモードのオン／オフを切り替えます（P.186参照）。 |
| テザリング | Wi-Fiテザリングをオンにします（P.182参照）。 |
| スクリーンレコード開始 | 表示されている画面を動画で録画します。 |

OS・Hardware

# アプリを利用する

アプリ一覧画面には、さまざまなアプリのアイコンが表示されています。それぞれのアイコンをタップするとアプリが起動します。ここでは、アプリの切り替え方法や終了方法もあわせて覚えましょう。

## アプリを起動する

**(1)** ホーム画面を表示し、＜アプリ一覧ボタン＞をタップします。

タップする

**(2)** アプリ一覧画面が表示されるので、画面を上下にスライドし、任意のアプリを探してタップします。ここでは、＜設定＞をタップします。

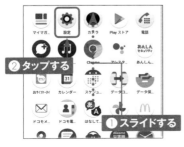

②タップする
①スライドする

**(3)** 「設定」アプリが起動します。アプリの起動中に◀をタップすると、1つ前の画面（ここではアプリ一覧画面）に戻ります。

タップする

### MEMO アプリのアクセス許可

アプリの初回起動時に、アクセス許可を求める画面が表示されることがあります。その際は＜許可＞をタップして進みます。許可しない場合、アプリが正しく機能しないことがあります（対処方法はP.177参照）。

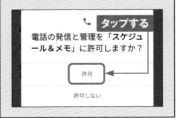

タップする
電話の発信と管理を「スケジュール＆メモ」に許可しますか？

許可

許可しない

# アプリを終了する

**1** アプリの起動中やホーム画面で■をタップします。

タップする

**2** 最近使用したアプリが一覧表示されるので、左右にスワイプして、終了したいアプリを上方向にスワイプします。

スワイプする

**3** スワイプしたアプリが終了します。すべてのアプリを終了したい場合は、右方向にスワイプし、<すべてクリア>をタップします。

①スワイプする

②タップする

---

**MEMO アプリの切り替え**

手順②の画面で別のアプリをタップすると、画面がそのアプリに切り替わります。

タップする

# ウィジェットを利用する

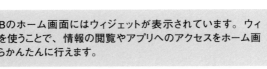

OS・Hardware

SO-41Bのホーム画面にはウィジェットが表示されています。ウィジェットを使うことで、情報の閲覧やアプリへのアクセスをホーム画面上からかんたんに行えます。

**1**

## ウィジェットとは

ウィジェットは、ホーム画面で動作する簡易的なアプリのことです。さまざまな情報を自動的に表示したり、タップすることでアプリにアクセスしたりできます。SO-41Bに標準でインストールされているウィジェットもあり、Google Play（P.102参照）でダウンロードするとさらに多くの種類のウィジェットを利用できます。また、ウィジェットを組み合わせることで、自分好みのホーム画面の作成が可能です。

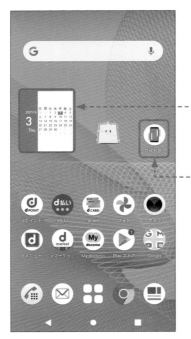

アプリの簡易的な情報が表示されるウィジェットです。

アプリを直接操作できるウィジェットです。

ウィジェットを設置すると、ホーム画面でアプリの操作や設定の変更、ニュースやWebサービスの更新情報のチェックなどができます。

# ウィジェットを追加する

**1** ホーム画面の何もない箇所をロングタッチします。

**2** <ウィジェット>をタップします。

**3** 画面を上下にスライドして、追加したいウィジェットをロングタッチし、配置したい箇所で指を離します。

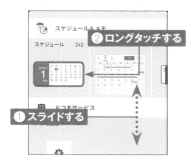

**4** ホーム画面にウィジェットが追加されます。

---

**MEMO** **ウィジェットの削除**

ウィジェットを削除するには、ウィジェットをロングタッチしたあと、画面上部の「削除」までドラッグします。

# 文字を入力する

SO-41Bでは、ソフトウェアキーボードで文字を入力します。「12キー」
（一般的な携帯電話の入力方法）や「QWERTY」などを切り替
えて使用できます。

Application

**1**

## SO-41Bの文字入力方法

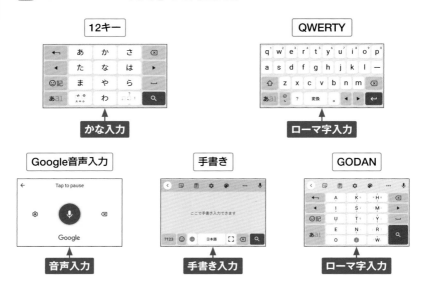

```
12キー
```
かな入力

```
QWERTY
```
ローマ字入力

```
Google音声入力
```
音声入力

```
手書き
```
手書き入力

```
GODAN
```
ローマ字入力

### MEMO 5種類の入力方法

SO-41Bには、携帯電話で一般的な「12キー」、パソコンと同じ「QWERTY」
のほか、音声入力の「Google音声入力」、手書き入力の「手書き」、「12キー」
や「QWERTY」とは異なるキー配置のローマ字入力の「GODAN」の5種類
の入力方法があります。なお、本書では音声入力、手書き、GODANは解説し
ません。

## キーボードを使う準備をする

**1** 初めてキーボードを使う場合はキーボードが1つしか使えないので、キーボードを追加します。「入力レイアウトの選択」画面が表示されるので、<スキップ>をタップします。

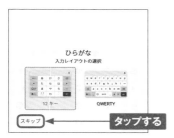

**2** 「12キー」のキーボードが表示されます。🔧をタップします。

**3** <言語>→<キーボードを追加>→<日本語>の順にタップします。

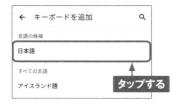

**4** 追加したいキーボード（ここでは「QWERTY」）をタップして選択し、<完了>をタップします。

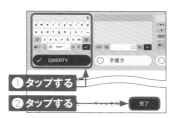

**5** キーボードが追加されます。←を2回タップすると手順②の画面に戻ります。

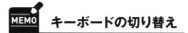

### MEMO キーボードの切り替え

キーボードを追加したあとは手順②の画面で∴が⊕になるので、⊕をロングタッチし、切り替えたいキーボードをタップすると、キーボードが切り替わります。

25

# 12キーで文字を入力する

## ●トグル入力を行う

(1) 12キーは、一般的な携帯電話と同じ要領で入力が可能です。たとえば、あを5回→かを1回→さを2回タップすると、「おかし」と入力されます。

(2) 変換候補から選んでタップすると、変換が確定します。手順①でˇをタップして、変換候補の欄をスライドすると、さらにたくさんの候補を表示できます。

## ●フリック入力を行う

(1) 12キーでは、キーを上下左右にフリックすることでも文字を入力できます。キーをロングタッチするとガイドが表示されるので、入力したい文字の方向へフリックします。

(2) フリックした方向の文字が入力されます。ここでは、あを下方向にフリックしたので、「お」が入力されました。

# ■ QWERTYで文字を入力する

**(1)** QWERTYでは、パソコンのローマ字入力と同じ要領で入力が可能です。たとえば、g → i の順にタップすると、「ぎ」と入力され、変換候補が表示されます。候補の中から変換したい単語をタップすると、変換が確定します。

**(2)** 文字を入力し、<日本語>もしくは<変換>をタップしても文字が変換されます。

**(3)** 希望の変換候補にならない場合は、◀ / ▶ をタップして文節の位置を調節します。

**(4)** ← をタップすると、濃いハイライト表示の文字部分の変換が確定します。

### MEMO QWERTYでのロングタッチ入力

QWERTYでは、1段目のキーをロングタッチすると、数字を入力することができます。

## 📝 文字種を変更する

**(1)** あa1をタップするごとに、「ひらがな漢字」→「英字」→「数字」の順に文字種が切り替わります。**あ**のときには、日本語を入力できます。

**(2)** **a**のときには、半角英字を入力できます。**あa1**をタップします。

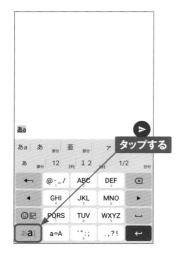

**(3)** **1**のときには、半角数字を入力できます。再度あa1をタップすると、日本語入力に戻ります。

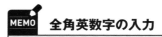

**MEMO** 全角英数字の入力

[全] と書かれている変換候補をタップすると、全角の英数字で入力されます。

## 絵文字や顔文字を入力する

**(1)** 絵文字や顔文字を入力したい場合は、☺をタップします。

タップする

**(2)** 「絵文字」の表示欄を上下にスライドし、目的の絵文字をタップすると入力できます。

① スライドする
② タップする

**(3)** 顔文字を入力したい場合は、キーボード下部の:-)をタップします。あとは手順②と同様の方法で入力できます。記号を入力したい場合は、☆をタップします。

タップする

**(4)** <あいう>をタップします。

タップする

**(5)** 通常の文字入力画面に戻ります。

# 単語リストを利用する

**(1)** 単語リストに語句を登録しておくと、文字入力時の候補リストに優先的に表示されます。P.25手順②の画面で ✿ をタップします。

**(2)** <単語リスト>→<単語リスト>の順にタップします。

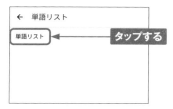

**(3)** 「単語リスト」画面が表示されるので、<日本語>→+の順にタップします。

**(4)** 単語リストに追加したい言葉の「語句」と「よみ」を入力し、✓→←の順にタップします。

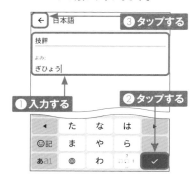

**(5)** 単語リストに「語句」と「よみ」がセットで登録されます。

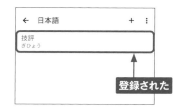

**(6)** 文字の入力画面に戻って、登録した「よみ」を入力すると、変換候補に登録した語句が表示されます。

## 片手モードを使用する

**(1)** P.25手順②の画面で… →＜片手モード＞の順にタップします。「ドラッグしてカスタマイズ」と表示された場合は＜OK＞をタップします。

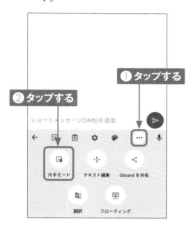

**(2)** キーボードが右側に寄った右手入力用のキーボードが表示されます。くをタップします。

**(3)** キーボードが左側に寄った左手入力用のキーボードが表示されます。をタップします。

**(4)** もとのキーボードに戻ります。

# テキストを
# コピー&ペーストする

SO-41Bは、パソコンと同じように自由にテキストをコピー&ペースト
できます。コピーしたテキストは、別のアプリにペースト（貼り付け）
して利用することもできます。

Application

## テキストをコピーする

**①** コピーしたいテキストをダブルタップします。

ダブルタップする

**②** テキストが選択されます。● と● を左右にドラッグして、コピーする範囲を調整します。

ドラッグする

**③** ＜コピー＞をタップします。

タップする

**④** テキストがコピーされました。

コピーが完了する

# ■ テキストをペーストする

**(1)** 入力欄で、テキストをペースト（貼り付け）したい位置をロングタッチします。

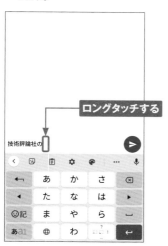

**(2)** ＜貼り付け＞をタップします。

**(3)** コピーしたテキストがペーストされます。

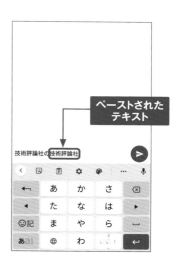

**MEMO そのほかのコピー方法**

ここで紹介したコピー手順は、テキストを入力・編集する画面での方法です。「Chrome」アプリなどの画面でテキストをコピーするには、該当箇所をロングタッチして選択し、P.32手順 **(2)** 〜 **(3)** の方法でコピーします。

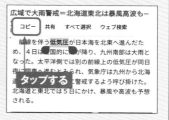

# Googleアカウントを設定する

**Application**

Googleアカウントを設定すると、Googleが提供するサービスが利用できます。ここではGoogleアカウントを作成して設定します。すでに作成済みのGoogleアカウントを設定することもできます。

## GoogleアカウントをSO-41Bに設定する

**1** P.20を参考にアプリ一覧画面を表示し、＜設定＞をタップします。

**2** 「設定」アプリが起動するので、画面を上方向にスライドして、＜アカウント＞をタップします。

**3** ＜アカウントを追加＞をタップします。

**4** 「アカウントを追加」画面が表示されるので、＜Google＞をタップします。

### MEMO Googleアカウントとは

Googleアカウントを作成すると、Googleが提供する各種サービスへログインすることができます。アカウントの作成に必要なのは、メールアドレスとパスワードの登録だけです。SO-41BにGoogleアカウントを設定しておけば、Gmailなどのサービスがかんたんに利用できます。

**5** <アカウントを作成>→<自分用>の順にタップします。すでに作成したアカウントを使うには、アカウントのメールアドレスまたは電話番号を入力します（右下のMEMO参照）。

Google

ログイン

Google アカウントでログインしましょう。
詳細

メールアド～○○～た場合

**タップする**

アカウントを作成

**6** 上の欄に「姓」、下の欄に「名」を入力し、<次へ>をタップします。

Google **①入力する**

Google アカウントを作成

名前を入力してください

姓
技術

名
五郎

**②タップする** ▶ 次へ

丸 島金時 八 左衛門 兵衛 ˅

**7** 生年月日と性別をタップして設定し、<次へ>をタップします。

Google **①設定する**

基本情報

生年月日と性別を入力してください

年　　　　月　　　　日
1980　　　4月 ˅　　1

性別
男性　　　　　　˅

**②タップする**

次へ

**8** 「自分でGmailアドレスを作成」をタップして、希望するメールアドレスを入力し、<次へ>をタップします。

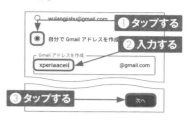

○ wulangjishu@gmail.com **①タップする**

◉ 自分で Gmail アドレスを作成 **②入力する**

Gmail アドレスを作成
xperiaaceii ◀　　@gmail.com

**③タップする** ▶ 次へ

**9** パスワードを入力し、<次へ>をタップします。

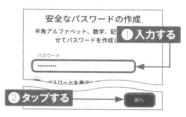

安全なパスワードの作成

半角アルファベット、数字、記 **①入力する**
せてパスワードを作成し

パスワード
........　　　◀

パスワードを表示？

**②タップする** ▶ 次へ

**MEMO　既存のアカウントの利用**

作成済みのGoogleアカウントがある場合は、手順⑤の画面でメールアドレスまたは電話番号を入力して、<次へ>をタップします。次の画面でパスワードを入力し、P.36手順⑩もしくはP.37手順⑭以降の解説に従って設定します。

メールアドレスまたは電話番号

メールアドレスを忘れた場合 **①入力する**

**②タップする** ▶ 次へ

**10** パスワードを忘れた場合のアカウント復旧に使用するために、SO-41Bの電話番号を登録します。画面を上方向にスワイプします。

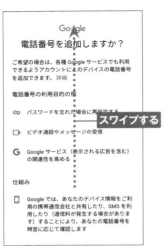

**11** ここでは＜はい、追加します＞をタップします。電話番号を登録しない場合は、＜その他の設定＞→＜いいえ、電話番号を追加しません＞→＜完了＞の順にタップします。

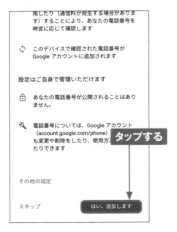

**12** 「アカウント情報の確認」画面が表示されたら、＜次へ＞をタップします。

**13** 内容を確認して、＜同意する＞をタップします。

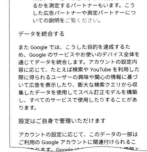

**(14)** 利用したいGoogleサービスがオンになっていることを確認して、<同意する>をタップします。

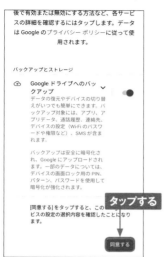

後で有効または無効にする方法など、各サービスの詳細を確認するにはタップします。データは Google のプライバシー ポリシーに従って使用されます。

バックアップとストレージ

☁ Google ドライブへのバックアップ
データの復元やデバイスの切り替えがいつでも簡単にできます。バックアップ対象には、アプリ、アプリデータ、通話履歴、連絡先、デバイスの設定（Wi-Fiのパスワードや権限など）、SMSが含まれます。

バックアップは安全に暗号化され、Google にアップロードされます。一部のデータについては、デバイスの画面ロック用の PIN、パターン、パスワードを使用して暗号化が強化されます。

[同意する]をタップすると、このビスの設定の選択内容を確認したことになります。

**タップする**

同意する

**(15)** P.34手順②の過程で表示される「アカウント」画面に戻ります。作成したGoogleアカウントをタップして、次の画面で<アカウントの同期>をタップします。

← アカウント  Q

所有者のアカウント

G xperiaaceii@gmail.com
  Google

d docomo
  docomo

＋ アカウントを追加  **タップする**

アプリデータを自動的に同期する
アプリにデータの自動更新を許可します

**(16)** Googleアカウントで同期可能なサービスが表示されます。サービス名をタップすると、同期が解除されます。

← アカウントの同期  Q ⋮

G
xperiaaceii@gmail.com
Google

Gmail
最終同期日時: 2021年6月4日 11:45

Google カレンダー
最終同期日時: 2021年6月4日 11:44

カレンダー
最終同期日時: 2021年6月4日 11:44

カレンダーの ToDo リスト
最終同期日時: 2021年6月4日 11:44

ユーザーの詳細
最終同期日時: 2021年6月4日 11:44

連絡先
最終同期日時: 2021年6月4日 11:44

---

## MEMO Googleアカウントの削除

手順⑮の画面でGoogleアカウントをタップし、<アカウントを削除>をタップすると、SO-41BからGoogleアカウントを削除することができます。

← アカウント  Q

G
xperiaaceii@gmail.com

Google アカウント
情報、セキュリティ、カスタマイズ

↻ アカウントの同期  **タップする**
  すべてのアイテムで同期がON

アカウントを削除

# ドコモのID・パスワードを設定する

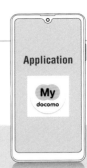

Application

My
docomo

SO-41Bにdアカウントを設定すると、NTTドコモが提供するさまざまなサービスをインターネット経由で利用できるようになります。また、あわせてspモードパスワードの変更も済ませておきましょう。

## dアカウントとは

「dアカウント」とは、NTTドコモが提供しているさまざまなサービスを利用するためのIDです。dアカウントを作成し、SO-41Bに設定することで、Wi-Fi経由で「dマーケット」などのドコモの各種サービスを利用できるようになります。

なお、ドコモのサービスを利用しようとすると、いくつかのパスワードを求められる場合があります。このうちspモードパスワードは「お客様サポート」（My docomo）で変更やリセットができますが、「ネットワーク暗証番号」はインターネット上で再発行できません（P.42手順②の画面で変更は可能）。番号を忘れないように気を付けましょう。さらに、spモードパスワードを初期値（0000）のまま使っていると、変更をうながす画面が表示されることがあります。その場合は、画面の指示に従ってパスワードを変更しましょう。

なお、ドコモショップなどですでに設定を行っている場合、ここでの設定は必要ありません。また、以前使っていた機種でdアカウントを作成・登録済みで、機種変更でSO-41Bを購入した場合は、自動的にdアカウントが設定されます。

| ドコモのサービスで利用するID ／ パスワード | |
|---|---|
| ネットワーク暗証番号 | お客様サポート（My docomo）や、各種電話サービスを利用する際に必要です（P.39参照）。 |
| dアカウント／パスワード | Wi-Fi接続時やパソコンのWebブラウザ経由で、ドコモのサービスを利用する際に必要です。 |
| spモードパスワード | ドコモメールの設定、spモードサイトの登録／解除の際に必要です。初期値は「0000」ですが、変更が必要です（P.42参照）。 |

### MEMO dアカウントとパスワードはWi-Fi経由でドコモのサービスを使うときに必要

4G／LTE回線を利用しているときは不要ですが、Wi-Fi経由でドコモのサービスを利用する際は、dアカウントとパスワードを入力する必要があります。

# dアカウントを作成する

**(1)** P.20を参考に「設定」アプリを起動して、<ドコモのサービス／クラウド>をタップします。

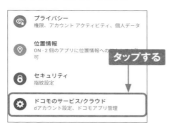

**(2)** <dアカウント設定>をタップします。「機能利用の許可」の画面が表示されたら、<利用の許可へ>をタップし、<許可>→<許可>とタップします。

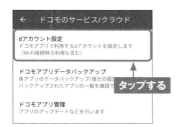

**(3)** 「ご利用にあたって」画面が表示されたら、内容を確認して、<同意する>をタップします。「はじめに」画面が表示されたら、<次へ>をタップして進みます。

**(4)** 「dアカウント設定」画面が表示されたら、新規に作成する場合は、<新たにdアカウントを作成>をタップします。

**(5)** ネットワーク暗証番号を入力して、<OK>をタップします。

**⑥** 「アカウントの選択」画面で設定内容を通知するためのアカウントを選択します。ここではSec.11で作成したGoogleアカウントをタップして、<OK>をタップします。

**⑦** 連絡先メールアドレスを選択します。ここでは<Gmail>をタップします。

**⑧** 「ID設定」画面が表示されます。好きなIDを設定する場合は、○をタップして ⦿ にし、ID名を入力して、<設定する>をタップします。

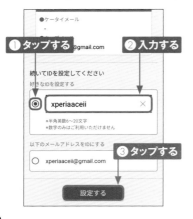

**⑨** dアカウントで利用するパスワードを入力して、画面を上方向にスクロールします。

**⑩** 氏名、フリガナ、性別、生年月日を入力し、<OK>をタップします。

**11** 「ご利用規約」画面が表示されたら、内容を確認して、<同意する>をタップします。

**12** dアカウントの作成が完了しました。生体認証の設定は、ここでは<設定しない>をタップして、<OK>をタップします。

**13** 「アプリ一括インストール」画面が表示されたら、<今すぐ実行>をタップして、<進む>をタップします。

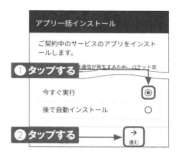

**14** 「必要な機能の利用確認」の画面が表示されたら、<次の画面へ>をタップし、<許可>をタップします。

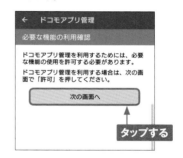

**15** dアカウントの設定が完了します。

# spモードパスワードを変更する

**1** P.120手順①を参考にdメニューを表示し、＜My docomo＞をタップします。

**2** My docomoの画面が表示されるので、＜設定＞をタップします。

**3** 画面を上方向にスクロールし、＜spモードパスワード＞→＜変更する＞の順にタップします。dアカウントへのログインが求められたら画面の指示に従ってログインします。

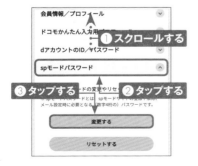

**4** ネットワーク暗証番号を入力し、＜認証する＞をタップします。パスワードの保存画面が表示されたら、＜使用しない＞をタップします。

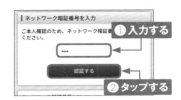

**5** 現在のspモードパスワード（初期値は「0000」）と新しいパスワード（不規則な数字4文字）を入力します。＜設定を確定する＞をタップします。

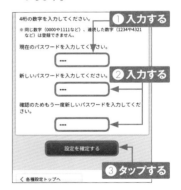

### MEMO spモードパスワードのリセット

spモードパスワードがわからなくなったときは、手順②の画面で＜リセットする＞をタップし、画面の指示に従って暗証番号などを入力して手続きを行うと、初期値の「0000」にリセットできます。

# 電話機能を使う

# 電話をかける・受ける

Application

電話操作は発信も着信も非常にシンプルです。発信時はホーム画面のアイコンからかんたんに電話を発信でき、着信時はドラッグまたはタップ操作で通話を開始できます。

## 電話をかける

**(1)** ホーム画面で📞をタップします。

タップする

**(2)** 「電話」アプリが起動します。📟をタップします。

連絡先はありません
新しい連絡先を作成
タップする
★ よく使う連絡先　🕐 通話履歴　👥 連絡先

**(3)** 相手の電話番号をタップして入力し、📞をタップすると、電話が発信されます。

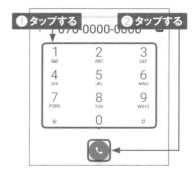
①タップする　②タップする
070-0000-0000

| 1 ᴓᴼ | 2 ABC | 3 DEF |
| 4 GHI | 5 JKL | 6 MNO |
| 7 PQRS | 8 TUV | 9 WXYZ |
| ＊ | 0 | ＃ |

**(4)** 相手が応答すると通話が始まります。📞をタップすると、通話が終了します。

接続しています
070-0000-0000
🔇 ミュート　📟 ダイヤルキー　🔊 スピーカー
タップする

# ■ 電話を受ける

**(1)** 電話がかかってくると、着信画面が表示されます（スリープモードの場合）。◯を上方向にスワイプします。また、画面上部に通知で表示された場合は、＜電話に出る＞をタップします。

**(2)** 相手との通話が始まります。通話中にアイコンをタップすると、ダイヤルキーなどの機能を利用できます。

ダイヤルキーを表示

マイクオン／オフ

スピーカーオン／オフ

音声通話を追加

保留

**(3)** ◯をタップすると、通話が終了します。

タップする

---

## MEMO スグ電とは

SO-41Bでは、着信中に特定のジェスチャーを行うことで、電話に応答したり、拒否したりできる「スグ電」が利用可能です。P.44の手順①で「電話」アプリを起動し、右上の⋮をタップし、＜設定＞→＜通話＞→＜スグ電設定＞の順にタップして設定を行うことで、下記のようなジェスチャーで操作できます。

| 耳元に当てる | 電話に応答する |
|---|---|
| 2回振る | 電話を拒否する |
| 下向きに置く | 着信音を消す |

# 履歴を確認する

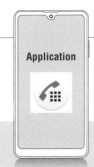

Application

電話の発信や着信の履歴は、発着信履歴画面で確認します。また、電話をかけ直したいときに発着信履歴画面から発信したり、電話した理由をメッセージ（SMS）で送信したりすることもできます。

## 発信や着信の履歴を確認する

**1** ホーム画面で🔲をタップして「電話」アプリを起動し、＜通話履歴＞をタップします。

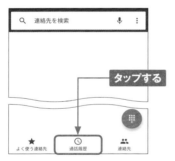

**2** 発着信の履歴を確認できます。履歴をタップして、＜通話の詳細＞をタップします。

**3** 通話の詳細を確認することができます。

**MEMO 履歴の削除**

手順③の画面で＜削除＞をタップすると、履歴を削除できます。

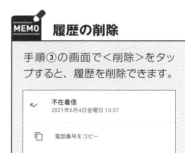

46

## 履歴から発信する

**1** P.46手順①を参考に発着信履歴画面を表示します。発信したい履歴の📞をタップします。

タップする

**2** 電話が発信されます。

---

### 電話した理由をメッセージ（SMS）で送信

相手が応答しなかった場合は、画面下部に「電話をした理由を伝えられます」と表示されるので、＜メッセージを送信＞をタップします。メッセージを候補から選んで入力するか、＜カスタムメッセージを入力＞に好きなメッセージを入力して、＞をタップすると、相手にメッセージ（SMS）が送信されます。

タップする

× 電話をした理由を伝えられます

至急お伝えしたいことがあるので、折り返しお電話ください。

お時間のあるときにお電話ください。

急ぎではないので、また後でかけ直します。

カスタム メッセージを入力　＞

# 留守番電話を確認する

Application

NTTドコモの留守番電話サービス（有料）を利用していると、電話に出られないときにメッセージを残してもらうことができます。なお、契約時の呼び出し時間は15秒に設定されています。

## 留守番電話を確認する

**(1)** 留守番電話にメッセージがあると、📞とステータスバーに不在着信の通知が表示されます。

不在着信の通知

**(2)** P.44の方法で「ダイヤル」画面を表示し、「1417」と入力して、📞をタップします。

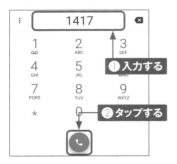

① 入力する

② タップする

**(3)** 留守番電話サービスにつながり、メッセージを確認することができます。

留守番電話
00:04

### MEMO 留守番電話サービスとは

留守番電話を利用するには、有料の留守番電話サービスに加入する必要があります。未加入の場合は、ドコモショップの店頭か、インターネットの「My docomo」（P.124参照）で利用を申し込むことができます。

# ■ 留守番電話を消去する

**(1)** P.48の方法で留守番電話サービスに電話をかけます。録音されたメッセージを消去したい場合は、3 をタップします。

留守番電話
00:04

**タップする**

× ·

| 1 ♃ | 2 ABC | 3 DEF |
| 4 GHI | 5 JKL | 6 MNO |
| 7 PQRS | 8 TUV | 9 WXYZ |
| ★ | 0 ♄ | # |

**(2)** メッセージが消去されます。複数のメッセージが録音されている場合は、#をタップすると次のメッセージを聞くことができます。

留守番電話
00:19

× 3

| 1 ♃ | 2 ABC | 3 DEF |
| 4 GHI | 5 JKL | 6 MNO |
| 7 PQRS | 8 TUV | 9 WXYZ |
| ★ | 0 ♄ | # |

**タップする**

**(3)** ♁をタップすると、メッセージの再生が終了します。

00:35

× 3#

| 1 ♃ | 2 ABC | 3 DEF |
| 4 GHI | 5 JKL | 6 MNO |
| 7 PQRS | 8 TUV | 9 WXYZ |
| ★ | 0 ♄ | # |

**タップする**

## MEMO 「ドコモ留守電」アプリの利用

NTTドコモでは、「ドコモ留守電」アプリを利用して留守番電話を管理することが可能です。留守番電話の一覧表示や、メッセージの再生や削除などもかんたんに行えます。「https://www.nttdocomo.co.jp/service/answer_phone/answer_phone_app/」からアプリをダウンロードすることができます。

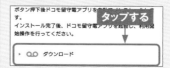

ボタン押下後ドコモ留守電アプリを○○○○○○○○○○○す。
インストール完了後、ドコモ留守電アプリを起動し、利用開始操作を行ってください。

**タップする**

▶ ♁ ダウンロード

Section **16**

# 伝言メモを利用する

Application

SO-41Bでは、電話に応答できないときに本体に伝言を記録する伝言メモ機能を利用できます。有料サービスである留守番電話サービスとは異なり、無料で利用できるのでぜひ使ってみましょう。

## 伝言メモを設定する

**①** P.44手順①を参考に「電話」アプリを起動して、画面右上の：をタップし、<設定>をタップします。

**②** 「設定」画面で<通話>→<伝言メモ>→<OK>の順にタップします。

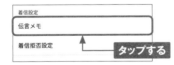

**③** 「伝言メモ」画面で<伝言メモ>→<OK>をタップし、◯ を ● に切り替えます。<応答時間設定>をタップします。

**④** 説明を確認して、<OK>をタップします。

**⑤** 応答時間をドラッグして変更し、<完了>をタップします。留守番電話サービスの呼び出し時間より短く設定する必要があります。

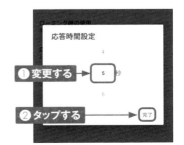

50

# 伝言メモを再生する

**(1)** 不在着信と伝言メモがあると、ステータスバーに 📟 が表示されます。ステータスバーを下方向にドラッグします。

ドラッグする

**(2)** 通知パネルが表示されるので、伝言メモの通知をタップします。

タップする

**(3)** P.50の手順③で<伝言リスト>タップし、伝言メモをタップすると再生されます。

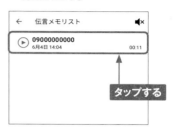

タップする

**(4)** 伝言メモを削除するには、メモをロングタッチし、<削除>もしくは<すべて削除>→<OK>をタップします。

タップする

## MEMO そのほかの伝言メモ再生方法

ステータスバーの通知を削除してしまった場合は、P.50の手順③で<伝言メモ>→<OK>→<伝言メモリスト>の順にタップします。

タップする

# 電話帳を利用する

**Application**

電話番号やメールアドレスなどの連絡先は、「ドコモ電話帳」で管理することができます。クラウド機能を有効にすることで、電話帳データが専用のサーバーに自動で保存されます。

## ドコモ電話帳のクラウド機能を利用する

**(1)** ホーム画面で＜アプリ一覧ボタン＞をタップし、＜ドコモ電話帳＞をタップします。

**(3)** 「Chromeにようこそ」画面が表示された場合は、＜同意して続行＞→＜続行＞→＜OK＞の順にタップします。注意事項が表示されるので、説明を確認して、◀ をタップします。

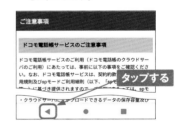

**(2)** 初回起動時は「クラウドの利用について」画面が表示されます。＜注意事項＞をタップします。

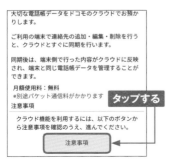

**(4)** 手順②の画面に戻るので、＜利用する＞をタップします。

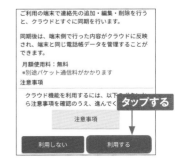

**⑤** すでに利用したことがあって、クラウドにデータがある場合は、「すべての連絡先」画面に登録済みの電話帳データが表示され、ドコモ電話帳が利用できるようになります。

**⑥** ≡をタップしてメニューを表示し、<設定>→<クラウドメニュー>の順にタップします。

**⑦** <クラウドの同期実行>→<OK>の順にタップすると、クラウドサーバーとの同期が行われます。

### MEMO ドコモ電話帳のクラウド機能とは

ドコモ電話帳では、電話帳データを専用のクラウドサーバーに自動で保存しています。そのため、機種変更をしたときも、クラウドを利用してかんたんに電話帳を移行することができます。なお、ここではクラウドサーバーとの同期を手動で行っていますが、データを追加・編集・削除したときもクラウドサーバーとの同期は行われます。

## 連絡先に新規連絡先を登録する

**①** P.53手順⑤の画面で●をタップします。

**②** 新しい連絡先を保存するアカウントをタップして選択します（ここでは「docomo」を選択）。

**③** 入力欄をタップし、「姓」と「名」の入力欄に相手の氏名を入力します。

**④** 画面をスクロールして＜その他の項目＞をタップし、名前のふりがなを入力します。

**⑤** 電話番号やメールアドレスなどそのほかの情報も入力し、完了したら＜保存＞をタップします。

**⑥** 連絡先の情報が保存され、登録した相手の情報が表示されます。

## ■ 連絡先を履歴から登録する

**1** P.44手順①を参考にして、「電話」アプリを起動します。＜通話履歴＞をタップして、発着信履歴を表示します。連絡先に登録したい電話番号をタップします。

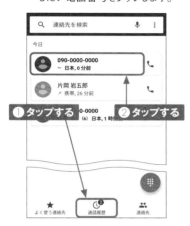

**2** ＜新しい連絡先を作成＞（既存の連絡先に登録する場合は＜連絡先に追加＞）をタップします。

**3** P.54手順③〜⑤の方法で連絡先の情報を登録します。

### MEMO 連絡先の検索

「ドコモ電話帳」アプリを起動し、「すべての連絡先」画面右上の 🔍 をタップすると、登録されている連絡先を探すことができます。よみがなを登録している場合は、名字もしくは名前の一文字目を入力すると候補に表示されます。

# ■ マイプロフィールを確認・編集する

**(1)** P.53手順⑥を参考にメニューを表示し、＜設定＞をタップします。

**(2)** ＜ユーザー情報＞をタップします。

**(3)** 自分の電話番号などが確認できます。編集する場合は、をタップします。

**(4)** P.54手順③～⑤の方法で情報を入力し、＜保存＞をタップします。

---

### MEMO 住所の登録

マイプロフィールに住所や誕生日などを登録したい場合は、手順④の画面下部にある＜その他の項目＞をタップし、＜住所＞などをタップします。

# ■ ドコモ電話帳のそのほかの機能

## ● 電話帳を編集する

**1** P.52手順①を参考に「すべての連絡先」画面を表示し、編集したい連絡先の名前をタップします。

**2** ✐をタップして「連絡先を編集」画面を表示し、P.54手順③〜⑤の方法で連絡先を編集します。

## ● 電話帳から電話を発信する

**1** 左記手順②の画面で電話番号をタップします。

**2** 電話が発信されます。

**Application**

# 着信拒否を設定する

着信拒否設定を行うと、登録した電話番号からの着信を拒否することができます。 迷惑電話やいたずら電話がくり返しかかってきたときに、着信拒否を設定しましょう。

## 着信拒否を設定する

(1) P.44の手順③で「電話」アプリを起動し、右上の︙をタップし、<設定>→<通話>をタップします。

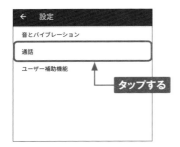

(3) それぞれの項目をタップすることで、電話帳に登録していない番号や非通知の着信を拒否することができます。

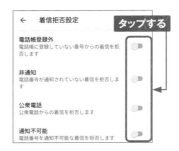

(2) <着信拒否設定>をタップします。

(4) <番号を追加>をタップします。

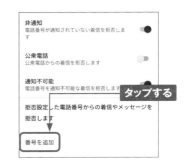

**(5)** 着信を拒否したい電話番号を入力し、<追加>をタップします。

①入力する

②タップする

**(7)** 着信拒否を解除する場合は、解除したい番号の<×>をタップして<拒否設定を解除>をタップします。

タップする

**(6)** 着信を拒否した番号が登録され、表示されます。

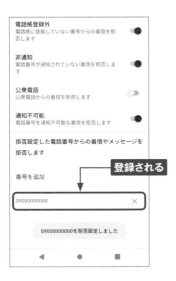

登録される

**(8)** 着信拒否が解除されます。

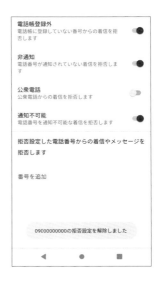

2

# 通知音・着信音を変更する

Application

メールの通知音と電話の着信音は、「設定」アプリから変更できます。また、電話の着信音は、着信した相手ごとに個別に設定できます。

## メールの通知音を変更する

**1** P.20を参考に「設定」アプリを起動して、＜音設定＞をタップします。

**2** 「音設定」画面が表示されるので、＜通知音＞をタップします。アクセス許可が表示されたら、＜許可＞をタップします。

**3** 通知音のリストが表示されます。好みの通知音をタップし、＜OK＞をタップすると変更完了です。

### MEMO 音楽を通知音に設定

手順③の画面で＜通知の追加＞→ ≡ →＜ミュージック＞の順にタップすると、SO-41Bに保存されている音楽を通知音に設定することができます。着信音についても、同様に設定することが可能です。

## 電話の着信音を変更する

**(1)** P.20を参考に「設定」アプリを起動し、<音設定>をタップします。

**(2)** 「音設定」画面が表示されるので、<着信音>をタップします。

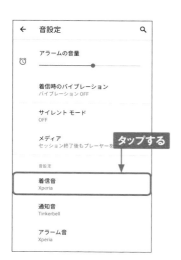

**(3)** 着信音のリストが表示されるので、好みの着信音を選んでタップし、<OK>をタップすると、着信音が変更されます。

### MEMO 着信音の個別設定

着信相手ごとに、着信音を変えることができます。P.57を参考に着信音を変更したい相手の連絡先を表示して、画面右上の ■ →<着信音を設定>の順にタップします。ここで好きな着信音をタップして、<OK>をタップすると、その連絡先からの着信音を設定できます。

# 音量・マナーモード・操作音を設定する

Application

音量は「設定」アプリから変更できます。また、マナーモードはバイブレーションがオン／オフの2つのモードがあります。なお、マナーモード中でも、動画や音楽などの音声は消音されません。

## 音楽やアラームなどの音量を調節する

(1) P.20を参考に「設定」アプリを起動して、＜音設定＞をタップします。

タップする

(2) 「音設定」画面が表示されます。「メディアの音量」の●を左右にドラッグして音楽や動画の音量を調節します。

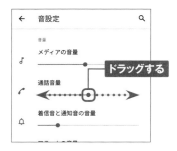

ドラッグする

(3) 手順②と同じ方法で、「着信音と通知音の音量」や「アラームの音量」も調節できます。

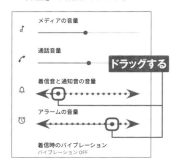

ドラッグする

(4) 画面左上の←をタップして、設定を完了します。

タップする

2

# ■ マナーモードを設定する

**①** 本体の右側面にある音量キーを押します。

**②** △をタップします。

**③** アイコンが becomesになり、バイブレーションのみのマナーモードになります。 をタップします。

**④** アイコンが になり、バイブレーションもオフになったマナーモードになります（アラームや動画、音楽は鳴ります）。 をタップすると△に戻ります。

# 操作音のオン/オフを設定する

**(1)** P.20を参考に「設定」アプリを起動して、<音設定>をタップします。

**(2)** <詳細設定>をタップします。

**(3)** 設定を変更したい操作音（ここでは<ダイヤルパッドの操作音>）をタップします。

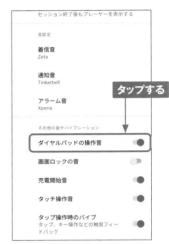

**(4)** ●が●になり、操作音がオフになります。同様にして、画面ロック音やタッチ操作音のオン/オフが行えます。

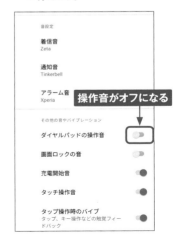

# インターネットとメール
# を利用する

# Webページを閲覧する

SO-41Bでは、「Chrome」アプリでWebページを閲覧できます。Googleアカウントでログインすることで、パソコン用の「Google Chrome」とブックマークや履歴の共有が行えます。

## Webページを閲覧する

**(1)** ホーム画面を表示して、 をタップします。初回起動時はアカウントの確認画面が表示されるので、＜同意して続行＞をタップし、「Chromeにログイン」画面でアカウントを選択して＜有効にする＞の順にタップします。ライトモードに関する画面が表示されたら、＜ライトモードをオンにする＞をタップします。

**(2)** 「Chrome」アプリが起動して、Webページが表示されます。「アドレスバー」が表示されない場合は、画面を下方向にスライドすると表示されます。

**(3)** 「アドレスバー」をタップし、URLを入力して、 をタップします。

**(4)** 入力したURLのWebページが表示されます。

# 📓 Webページを移動・更新する

**(1)** Webページの閲覧中に、リンク先のページに移動したい場合、ページ内のリンクをタップします。

**(2)** ページが移動します。◀ をタップすると、タップした回数分だけページが戻ります。

**(3)** 画面右上の ⋮ をタップして、→をタップすると、前のページに進みます。

**(4)** ⋮をタップして、Cをタップすると、表示しているページが更新されます。

### MEMO 「Chrome」アプリの更新

「Chrome」アプリの更新がある場合、手順①の画面で、右上の ⋮ が ● になっていることがあります。その場合は、● →<Chromeを更新>→<更新>の順にタップして「Chrome」アプリを更新しましょう。

# Webページを検索する

Application

「Chrome」アプリの「アドレスバー」に文字列を入力すると、
Google検索が利用できます。また、ホーム画面のウィジェットを利
用して、Google検索を行うことも可能です。

## キーワードからWebページを検索する

**(1)** Webページを開いた状態で、「ア
ドレスバー」（P.66参照）をタッ
プします。

**(2)** 検索したいキーワードを入力して、
➡をタップします。

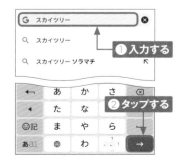

**(3)** Google検索が実行され、検索
結果が表示されるので、開きたい
ページのリンクをタップします。

**(4)** リンク先のページが表示されま
す。手順③の検索結果画面に
戻る場合は、◀ をタップします。

# Webページ内のテキストを検索する

**(1)** Webページ内のテキストを検索するには、ページを開いた状態（P.68手順④参照）で、右上の⋮をタップし、＜ページ内検索＞をタップします。

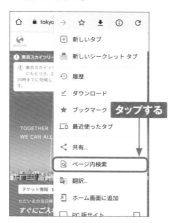

タップする

**(2)** 画面上部の入力窓に、検索したいキーワードを入力します。

入力する

**(3)** Webページ内に入力されたキーワードが見つかると、ハイライト表示されます。

ハイライト表示された

## MEMO 選択した単語でWebページを検索

「Chrome」アプリで表示したページの中の単語を選択して、Webページを検索をすることができます。ページ内の単語をロングタッチします。メニューが表示されるので、＜ウェブ検索＞をタップすると、Google検索の結果が表示されます。

タップする

# 複数のWebページを同時に開く

Application

「Chrome」アプリでは、複数のWebページをタブを切り替えて同時に開くことができます。複数のページを交互に参照したいときや、常に表示しておきたいページがあるときに利用すると便利です。

## Webページを新しいタブで開く

**(1)** 「アドレスバー」を表示して(P.66参照)、⋮をタップします。

タップする

**(2)** <新しいタブ>をタップします。

タップする

**(3)** 新しいタブが表示されます。

### MEMO グループタブとは

「Chrome」アプリでは、複数のタブを1つにグループ化してまとめて管理するグループタブ機能が利用できます(P.72〜73参照)。ニュースサイトごと、SNSごとというように、サイトごとにタブをまとめるなど、便利に使える機能です。

タップする

# 複数のタブを切り替える

**1** 複数のタブを開いた状態でタブ切り替えアイコンをタップします。

**3** 表示するタブが切り替わります。

**2** 現在開いているタブの一覧が表示されるので、上下にスライドして表示したいタブをタップします。

## MEMO タブを閉じるには

不要なタブを閉じたいときは、手順②の画面で、右上の×をタップします。なお、最後に残ったタブを閉じると、「Chrome」アプリが終了します。

3

# グループタブを表示する

① ページ内のリンクをロングタッチします。

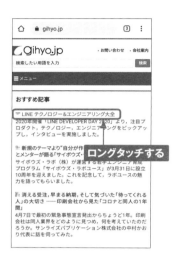

② <新しいタブをグループで開く>をタップします。

③ リンク先のページが新しいタブで開きます。グループ化されており、画面下にタブの切り替えアイコンが表示されます。別のアイコンをタップします。

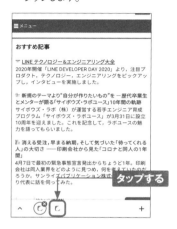

④ リンク先のページが表示されます。

# グループタブを整理する

**①** P.72手順③の画面で＜＋＞を
タップすると、グループ内に新し
いタブが追加されます。画面右
上のタブ切り替えアイコンをタップ
します。

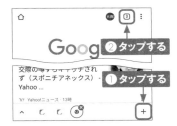

**②** 現在開いているタブの一覧が表
示され、グループタブは1つのタ
ブの中に複数のタブがまとめられ
ていることがわかります。グループ
タブをタップします。

**③** グループ内のタブが表示されま
す。タブの右上の＜×＞をタップ
します。

**④** グループ内のタブが閉じます。←
をタップします。

**⑤** 現在開いているタブの一覧に戻り
ます。グループタブにタブを追加
したい場合は、追加したいタブを
ロングタッチし、グループタブにド
ラッグします。

**⑥** グループタブにタブが追加されま
す。

Section **24**

# ブックマークを利用する

Application

「Chrome」アプリでは、WebページのURLを「ブックマーク」に
追加し、好きなときにすぐに表示することができます。よく閲覧する
Webページはブックマークに追加しておくと便利です。

## ブックマークを追加する

**1** ブックマークに追加したいWeb
ページを表示して、⋮をタップします。

**2** ☆をタップします。

**3** ブックマークが追加されます。<編集>をタップします。

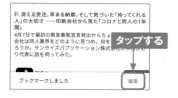

**4** 名前や保存先のフォルダなどを編集し、←をタップします。

### MEMO ホーム画面にショートカットを配置するには

手順②の画面で<ホーム画面に追加>をタップすると、表示しているWebページをホーム画面にショートカットとして配置できます。

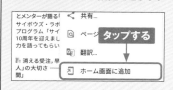

# ブックマークからWebページを表示する

① 「Chrome」アプリを起動し、「アドレスバー」を表示して（P.66参照）、 ⋮ をタップします。

② ＜ブックマーク＞をタップします。

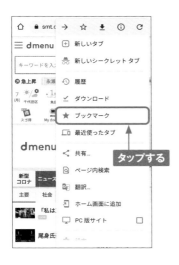

③ 「ブックマーク」画面が表示されるので、閲覧したいブックマークをタップします。

④ ブックマークに追加したWebページが表示されます。

## MEMO ブックマークの削除

手順③の画面で削除したいブックマークの ⋮ をタップし、＜削除＞をタップすると、ブックマークを削除できます。

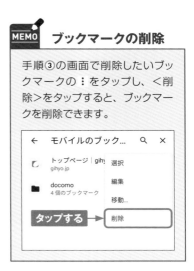

Section **25**

# SO-41Bで使える メールの種類

Application

SO-41Bでは、ドコモメール（@docomo.ne.jp）やSMS、＋メッセージを利用できるほか、GmailおよびYahoo!メールなどのパソコンのメールも使えます。

**ドコモメール**

> NTTドコモの提供するメールです。「@docomo.ne.jp」のアドレスが使えます。iモードと同じアドレスが使用可能です。

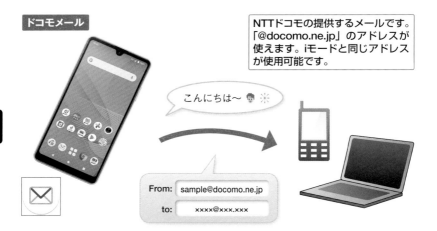

**SMSと＋メッセージ**

> 相手の携帯電話番号宛にメッセージを送信します。従来のSMSとそれを拡張した＋メッセージ（P.77 MEMO参照）を利用できます。

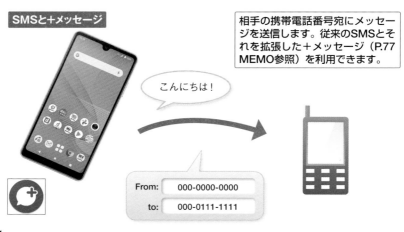

**Gmail**

Googleが提供するメールです。
SO-41BにGoogleアカウントを
設定すればすぐに利用できます。

こんにちは〜

From: sample@gmail.com
to: xxxx@xxx.xxx

**PCメール**

パソコンで使用しているメールが
使えます。複数のメールアカウン
トを登録することも可能です。

こんにちは、
お元気ですか?

From: sample@gihyo.co.jp
to: xxxx@xxx.xxx

3

## MEMO +メッセージについて

+メッセージは、従来のSMSを拡張したものです。宛先に相手の携帯電話番号
を指定するのはSMSと同じですが、文字だけしか送信できないSMSと異なり、
スタンプや写真、動画などを送ることができます。ただし、SMSは相手を問わ
ず利用できるのに対し、+メッセージは、相手も+メッセージを利用している場
合のみやり取りが行えます。相手が+メッセージを利用していない場合は、
SMSとして文字のみが送信されます。+メッセージは、NTTドコモ、au、ソフ
トバンクのAndroidスマートフォンとiPhoneで利用できます。

# ドコモメールを設定する

Application

SO-41Bでは「ドコモメール」を利用できます。ここでは、ドコモメールの初期設定方法を解説します。なお、ドコモショップなどで、すでに設定を行っている場合は、ここでの操作は必要ありません。

## ドコモメールの利用を開始する

**(1)** ホーム画面で⊠をタップします。「ドコモメール」アプリがインストールされていない場合は、<ダウンロード>もしくは<アップデート>をタップしてインストールを行い、アプリを起動します。

**(2)** アクセスの許可が求められるので、<次へ>をタップします。

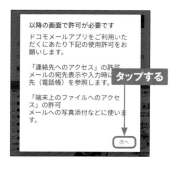

以降の画面で許可が必要です
ドコモメールアプリをご利用いただくにあたり下記の使用許可をお願いします。

「連絡先へのアクセス」の許可
メールの宛先表示や入力時に先（電話帳）を参照します。 **タップする**

「端末上のファイルへのアクセス」の許可
メールへの写真添付などに使います。

次へ

**(3)** <許可>を何回かタップして進みます。「利用者情報の取扱い」に関する文書が表示されたら確認のうえ、<利用開始>をタップします。

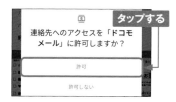

**タップする**

連絡先へのアクセスを「ドコモメール」に許可しますか？

許可

許可しない

**(4)** 「ドコモメールアプリ更新情報」画面が表示されたら、<閉じる>をタップします。

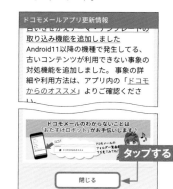

ドコモメールアプリ更新情報

古いせきかえ～ アップグレードの取り込み機能を追加しました
Android11以降の機種で発生してる、古いコンテンツが利用できない事象の対処機能を追加しました。事象の詳細や利用方法は、アプリ内の「ドコモからのオススメ」よりご確認ください

ドコモメールのわからないことは
「おたすけロボット」がお手伝いします♪ **タップする**

閉じる

3

**(5)** すでに利用したことがあり、メール設定情報をバックアップしている場合は、「設定情報の復元」画面で<設定情報を復元する>もしくは<復元しない>をタップし、<OK>をタップします。

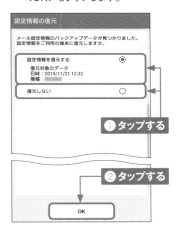

① タップする

② タップする

OK

**(6)** 「文字サイズ設定」画面が表示されたら、使用したい文字サイズをタップし、<OK>をタップします。

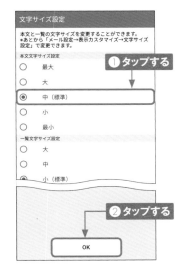

① タップする

② タップする

OK

**(7)** 使い方についての解説が表示されたら、<OK>を2回タップします。

現在お使いのメールアドレスはこちらから確認できます。

メールアドレスの変更や設定はクイック設定から簡単に行えます！

タップする

OK

**(8)** 「フォルダ一覧」画面が表示され、ドコモメールが利用できるようになります。次回からは、P.78手順①で◯をタップするだけでこの画面が表示されます。

# ■ ドコモメールのメールアドレスを変更する

**1** P.180を参考にあらかじめWi-Fiをオフにしておきます。新規契約の場合など、メールアドレスを変更したい場合は、ホーム画面で◎をタップします。

**2** 「フォルダー覧」画面が表示されます。画面右下の<その他>をタップします。

**3** <メール設定>をタップします。

**4** <ドコモメール設定サイト>をタップします。

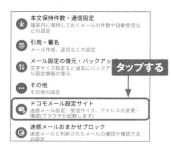

**5** 「パスワード確認」画面が表示されたら、携帯電話番号を確認して、spモードパスワードを入力し、<spモードパスワード確認>をタップします。

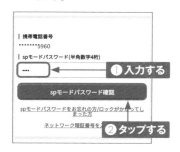

**6** 「メール設定」画面で画面を上方向にスクロールして、<メールアドレスの変更>をタップします。

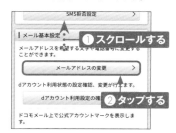

(7) 画面を上方向にスクロールして、メールアドレスの変更方法をタップして選択します。ここでは<自分で希望するアドレスに変更する>をタップします。

必要があります｡
「電話番号を使ったアドレスに変更する」場合
電話番号@docomo.ne.jpに変... **① スクロールする**
※ 過去にメールアドレスを変更...
が使えない可能性があります｡

┃メールアドレスの変更方法の選択
変更方法を選んでください｡ **② タップする**
⚪ 電話番号を使ったアドレスに変更する
◉ 自分で希望するアドレスに変更する（次に希望するアドレスを入力してください）

(8) 画面を上方向にスクロールして、希望するメールアドレスを入力し、<確認する>をタップします。

┃希望するアドレスの入力
希望するアドレスを入力してください｡
※ 半角英数字3文字～30文字で入力してください。「_」「.」 **① スクロールする**
「-」もご利用いただけま
うに使用することもでき
はできません。
※ 先頭の文字は必ず英字を入力してください。
※ 1日3回、月10回までアドレスを変更できます。

xperiaaceii ◀docomo **② 入力する**

確認する

dアカウント：skya******** **③ タップする**

d 別のアカウントでログイン

(9) <設定を確定する>をタップします。なお、<修正する>をタップすると、手順⑧の画面でアドレスを修正して入力できます。

内...で確認のう...、「設定を確定する」...を押
してください。

設定する内容
┃希望するアドレス **タップする**
xperiaaceii@docomo.ne.jp

設定を確定する

修正する

(10) <メール設定トップへ>をタップすると、「メール設定」画面に戻ります。この画面で迷惑メール対策などが設定できます（Sec.29参照）。設定が必要なければホーム画面に戻ります。

メール設定

設定完了

以下の内容で設定が完了しました。

メールアドレスをdアカウントのIDとしてご使用の場合、端末のdアカウント設定の変更をお願いいたします。
※ 設定変更をしない場合、Wi-Fi環境でドコモメールが利用できなくなる場合があります。
【dアカウント設定を起動するには】
「設定」または「本体設定」→「ドコモのサービス/クラウド」→「dアカウント設定」

反映された設定内容
┃希望するアドレス
xperiaaceii@docomo.ne.jp

‹ メール設定トップへ ◀── **タップする**

### MEMO メールアドレスを引き継ぐには

すでに利用しているdocomo.ne.jpのメールアドレスがある場合は、同じメールアドレスを引き続き使用することができます。P.80手順①～⑤を参考に「メール設定」画面を表示し、<メールアドレスの入替え>をタップして、画面の表示に従って設定を進めましょう。

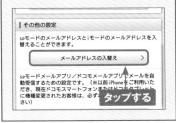

┃その他の設定
spモードのメールアドレスとiモードのメールアドレスを入替えることができます。

メールアドレスの入替え ＞

spモードメールアプリ/ドコモメールアプリでメールを自動受信するための設定です。（※以前iPhoneをご利用いただき、現在ドコモスマートフォンまたはドコモタブレットに機種変更されたお客様は、必ず **タップする**
さい）

**3**

# ドコモメールを利用する

P.80 ～ 81で変更したメールアドレスで、ドコモメールを使ってみましょう。ほかの携帯電話とほとんど同じ感覚で、メールの閲覧や返信、新規作成が行えます。

## ドコモメールを新規作成する

**1** ホーム画面で📩をタップします。

タップする

**2** 画面左下の<新規>をタップします。<新規>が表示されないときは、◀ を何度かタップします。

タップする

**3** 新規メールの「作成」画面が表示されるので、🔳をタップします。「To」欄に直接メールアドレスを入力することもできます。

タップする

**4** 電話帳に登録した連絡先のアドレスが名前順に表示されるので、送信したい宛先をタップしてチェックを付け、<決定>をタップします。履歴から宛先を選ぶこともできます。

❶タップする
❷タップする

**(5)** 「件名」欄をタップして、タイトルを入力し、「本文」欄をタップします。

**(6)** メールの本文を入力します。

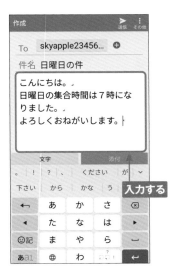

**(7)** <送信>をタップすると、メールを送信できます。なお、<添付>をタップすると、写真などのファイルを添付できます。

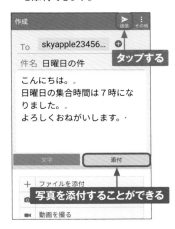

**MEMO 文字サイズの変更**

ドコモメールでは、メール本文や一覧表示時の文字サイズを変更することができます。P.82手順②で画面右下の<その他>をタップし、<メール設定>→<表示カスタマイズ>→<文字サイズ設定>の順にタップし、好みの文字サイズをタップします。

**3**

# 受信したメールを閲覧する

**(1)** メールを受信すると通知が表示されるので、をタップします。

通知が表示される

タップする

**(2)** 「フォルダ一覧」画面が表示されたら、<受信BOX>をタップします。

```
フォルダ一覧
xperiaaceii@docomo.ne.jp
受信メール
□ 📥 受信BOX                    1
□ ✉ メッセージR
□ ✉ メッセージS           タップする
その他のメール
□ ➤ 送信BOX
□ ✉ 未送信BOX
□ 🗑 ごみ箱
オススメ
  🔖 ドコモからのオススメ
```

**(3)** 受信したメールの一覧が表示されます。内容を閲覧したいメールをタップします。

```
受信BOX                         1
xperiaaceii@docomo.ne.jp
●片岡 岩五郎              今日17:54
来週の予定　来週の日曜に車でどこか行きませんか?
```

タップする

**(4)** メールの内容が表示されます。宛先横の◎をタップすると、宛先のアドレスと件名が表示されます。

```
来週の予定
From: 片岡 岩五郎                 ◎
                      2021年6月8日 17:54

来週の日曜に車でどこか行きませんか?
```

タップする

---

## MEMO　メールの削除

「受信BOX」画面で削除したいメールの左にある□をタップしてチェックを付け、画面下部のメニューから<削除>をタップすると、メールを削除できます。

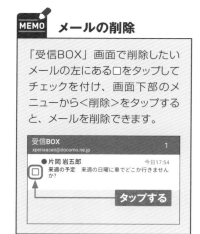

```
受信BOX                         1
xperiaaceii@docomo.ne.jp
●片岡 岩五郎              今日17:54
来週の予定　来週の日曜に車でどこか行きませんか?
```

タップする

# 受信したメールに返信する

**(1)** P.84を参考に受信したメールを表示し、画面左下の<返信>をタップします。

**(2)** 「作成」画面が表示されるので、相手に返信する本文を入力します。

**(3)** <送信>をタップすると、メールの返信が行えます。

## MEMO フォルダの作成

ドコモメールではフォルダでメールを管理できます。フォルダを作成するには、「フォルダ一覧」画面で画面右下の<その他>→<フォルダ新規作成>の順にタップします。

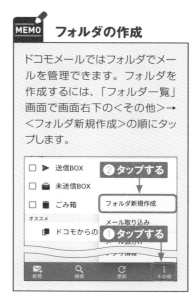

# メールを自動振分けする

**Application**

ドコモメールは、送受信したメールを自動的に任意のフォルダへ振分けることも可能です。ここでは、振分けルールの作成手順を解説します。

## 振分けルールを作成する

**1** 「フォルダ一覧」画面で画面右下の<その他>をタップし、<メール振分け>をタップします。

- □ ✉ 未送信BOX
- □ 🗑 ごみ箱

オススメ
- 📱 ドコモからの

フォルダ新規作成
メール取り込み
**メール振分け**
メール設定
ヘルプ
クラウド利用状況確認
アプリ情報

② タップする
① タップする

📩 新規　🔍 検索　🔄 更新　⋮ その他

**2** 「振分けルール」画面が表示されるので、<新規ルール>をタップします。

振分けルール
一覧
受信メール
　　　振分けルールがありません
送信メール
　　　振分けルールがありません

＋ 新規ルール　タップする

**3** <受信メール>または<送信メール>（ここでは<受信メール>）をタップします。

振分けルールがありません

ルールの適用対象
受信メール
送信メール
キャンセル

タップする

### MEMO 振分けルールの作成

ここでは、「『件名』に『重要』というキーワードが含まれるメールを受信したら、自動的に『重要』フォルダに移動させる」という振分けルールを作成しています。なお、手順③で<送信メール>をタップすると、送信したメールの振分けルールを作成できます。

**(4)** 「振分け条件」の<新しい条件を追加する>をタップします。

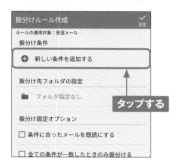

**(5)** 振分けの条件を設定します。「対象項目」のいずれか（ここでは、<件名で振り分ける>）をタップします。

**(6)** 任意のキーワード（ここでは「重要」）を入力して、<決定>をタップします。

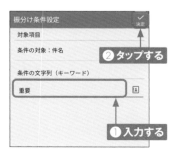

**(7)** 手順④の画面に戻るので<フォルダ指定なし>をタップし、<振分け先フォルダを作る>をタップします。

**(8)** フォルダ名を入力し、<決定>をタップします。「確認」画面が表示されたら、<OK>をタップします。

**(9)** <決定>をタップします。「振分け」画面が表示されたら、<はい>をタップします。

**(10)** 振分けルールが新規登録されます。

# 迷惑メールを防ぐ

Application

ドコモメールでは、受信したくないメールを、ドメインやアドレス別に細かく設定することができます。スパムメールなどの受信を拒否したい場合などに設定しておきましょう。

## 迷惑メールフィルターを設定する

**(1)** P.180を参考にあらかじめWi-Fiをオフにしておきます。ホーム画面で🖂をタップします。

**タップする**

**(2)** 「フォルダ一覧」画面で画面右下の<その他>をタップし、<メール設定>をタップします。

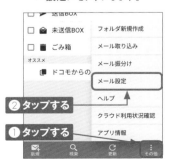

- 送信BOX
- □ 未送信BOX
- □ 🗑 ごみ箱
- オススメ
  - ドコモからの

フォルダ新規作成
メール取り込み
メール振分け
メール設定
ヘルプ
クラウド利用状況確認
アプリ情報

**❷ タップする**

**❶ タップする**

新規　検索　更新　その他

**(3)** <ドコモメール設定サイト>をタップします。

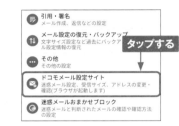

- 📝 引用・署名
  メール作成、返信などの設定
- ⬆️ メール設定の復元・バックアップ
  文字サイズ設定など過去にバックアッ　**タップする**
  ル設定情報の復元
- ● その他
  その他の設定
- 🖂 ドコモメール設定サイト
  迷惑メール設定、受信サイズ、アドレスの変更・
  確認(ブラウザが起動します)
- 🌐 迷惑メールおまかせブロック
  迷惑メールと判断されたメールの確認や確認方法
  の設定

### MEMO 迷惑メールおまかせブロックとは

ドコモでは、迷惑メールフィルターの設定のほかに、迷惑メールを自動で判定してブロックする「迷惑メールおまかせブロック」という、より強力な迷惑メール対策サービスがあります。月額利用料金は220円ですが、これは「あんしんネットセキュリティ」の料金なので、同サービスを契約していれば、「迷惑メールおまかせブロック」も追加料金不要で利用できます。

④ 「パスワード確認」画面が表示されたら、spモードパスワードを入力して、<spモードパスワード確認>をタップします。

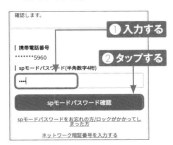

⑤ 「メール設定」画面で、<利用シーンに合わせた設定>→<拒否リスト設定>の順にタップします。

⑥ 「拒否リスト設定」の<設定を利用する>をタップして上方向にスクロールします。

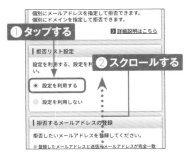

⑦ 「拒否するメールアドレスの登録」の<さらに追加する>をタップして、拒否したいメールアドレスを入力し、上方向にスクロールします。

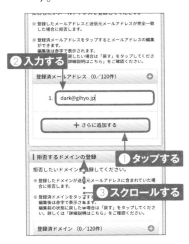

⑧ 「拒否するドメインの登録」の<さらに追加する>をタップして、受信を拒否したいドメインを追加し、<確認する>→<設定を確定する>の順にタップすると、設定が完了します。

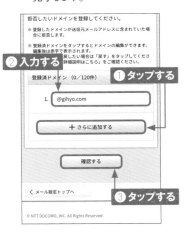

**3**

**Application**

# ＋メッセージを利用する

「＋メッセージ」アプリでは、携帯電話番号を宛先にして、テキストや写真などを送信できます。「＋メッセージ」アプリを使用していない相手の場合は、SMSでやり取りが可能です。

## ＋メッセージとは

SO-04Bでは、「＋メッセージ」アプリで＋メッセージとSMSが利用できます。＋メッセージでは文字が全角2,730文字、そのほかに100MBまでの写真や動画、スタンプ、音声メッセージをやり取りでき、グループメッセージや現在地の送受信機能もあります。パケットを使用するため、パケット定額のコースを契約していれば、とくに料金は発生しません。なお、SMSではテキストメッセージしか送れず、別途送信料もかかります。

また、＋メッセージは、相手も＋メッセージを利用している場合のみ利用できます。SMSと＋メッセージどちらが利用できるかは自動的に判別されますが、画面の表示からも判断することができます（下図参照）。

「＋メッセージ」アプリで表示される連絡先の相手画面です。＋メッセージを利用している相手には、が表示されます。プロフィールアイコンが設定されている場合は、アイコンが表示されます。

相手が＋メッセージを利用していない場合は、メッセージ画面の名前欄とメッセージ欄に「SMS」と表示されます（上図）。＋メッセージを利用している相手の場合は、何も表示されません（下図）。

# ■ ＋メッセージを利用できるようにする

(1) ホーム画面を左方向にスワイプし、＜＋メッセージ＞をタップします。初回起動時は、＋メッセージについての説明が表示されるので、内容を確認して、＜次へ＞をタップしていきます。

タップする

(2) アクセス権限のメッセージが表示されたら、＜次へ＞→＜許可＞の順にタップします。

アクセス権限の設定
＋メッセージをご利用頂くには、「連絡先」「SMS」「データコピーアプリ連携」「ストレージ」「電話」へのアクセス許可が必要　タップする

次へ

(3) 利用条件に関する画面が表示されたら、内容を確認して、＜すべて同意する＞をタップします。

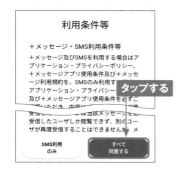

利用条件等

＋メッセージ・SMS利用条件等
＋メッセージ及びSMSを利用する場合はアプリケーション・プライバシーポリシー、＋メッセージアプリ使用条件及び＋メッセージ利用規約を、SMSのみ利用す　タップする
アプリケーション・プライバシー
及び＋メッセージアプリ使用条件を必ずご
〜いただき、内容〜

受信したユーザしか閲覧できず、別のユーザが再度受信することはできません〜

SMS利用のみ　｜　すべて同意する

(4) 「＋メッセージ」アプリについての説明が表示されたら、左方向にスワイプしながら、内容を確認します。

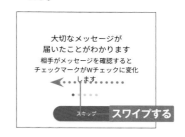

大切なメッセージが届いたことがわかります
相手がメッセージを確認するとチェックマークがWチェックに変化します。

スキップ　スワイプする

(5) 「プロフィール（任意）」画面が表示されます。名前などを入力し、＜OK＞をタップします。プロフィールは、設定しなくてもかまいません。

　名前
　ひとこと
○　場所登録　　　タップする
　0.0

OK

(6) 「＋メッセージ」アプリが起動します。

メッセージ　　　Q　：

**3**

# メッセージを送信する

**1** P.91 手順①を参考にして、「＋メッセージ」アプリを起動します。新規にメッセージを作成する場合は＜メッセージ＞をタップして、➕をタップします。

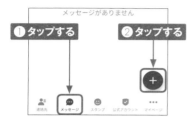

**2** ＜新しいメッセージ＞をタップします。

**3** 「新しいメッセージ」画面が表示されます。メッセージを送りたい相手をタップします。「名前や電話番号を入力」をタップし、電話番号を入力して、送信先を設定することもできます。

**4** ＜メッセージを入力＞をタップして、メッセージを入力し、➤をタップします。

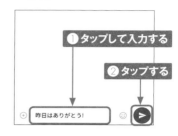

**5** メッセージが送信され、画面の右側に表示されます。

## MEMO 写真やスタンプの送信

「＋メッセージ」アプリでは、写真やスタンプを送信することもできます。写真を送信したい場合は、手順④の画面で⊕→🖼の順にタップして、送信したい写真をタップして選択し、➤をタップします。スタンプを送信したい場合は、手順④の画面で☺をタップして、送信したいスタンプをタップして選択し、➤をタップします。

## メッセージを返信する

**(1)** メッセージが届くと、ステータスバーにも受信のお知らせが表示されます。ステータスバーを下方向にドラッグします。

**(2)** 通知パネルに表示されているメッセージの通知をタップします。

**(3)** 受信したメッセージが画面の左側に表示されます。メッセージを入力して、●をタップすると、相手に返信できます。

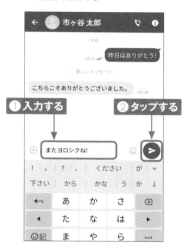

### MEMO 「メッセージ」画面からのメッセージ送信

「+メッセージ」アプリで相手とやり取りすると、「メッセージ」画面にやり取りした相手が表示されます。以降は、「メッセージ」画面から相手をタップすることで、メッセージの送信が行えます。

Application

# Gmailを利用する

SO-41BにGoogleアカウントを登録しておけば（Sec.11参照）、すぐにGmailを利用することができます。パソコンでラベルや振分け設定を行うことで、より便利に利用できます。

## 受信したメールを閲覧する

**1** ホーム画面で＜アプリ一覧ボタン＞をタップし、＜Gmail＞をタップします。「Gmailの新機能」画面が表示された場合は、＜OK＞→＜GMAILに移動＞の順にタップします。

**2** パーソナライズに関する画面が表示されたら、＜スマート機能を有効にする＞→＜次へ＞→＜～他のGoogleサービスをパーソナライズ＞→＜完了＞の順にタップし、Google Meetに関する画面が表示されたら＜OK＞をタップすると、「メイン」画面が表示されます。画面を上方向にスライドして、読みたいメールをタップします。

**3** メールの差出人やメール受信日時、メール内容が表示されます。画面左上の←をタップすると、受信トレイに戻ります。なお、↰をタップすると、返信することもできます。

### MEMO Googleアカウントの同期

Gmailを使用する前に、Sec.11の方法であらかじめSO-41Bに自分のGoogleアカウントを設定しましょう。P.37手順⑯の画面で「Gmail」をオンにしておくと、Gmailも自動的に同期されます。すでにGmailを使用している場合は、受信トレイの内容がそのままSO-41Bでも表示されます。

## メールを送信する

**①** P.94を参考に「メイン」などの画面を表示して、<作成>をタップします。

タップする

作成

**②** メールの「作成」画面が表示されます。<To>をタップして、メールアドレスを入力します。「連絡先」アプリ内の連絡先であれば、表示される候補をタップします。

← 作成

From xperiaaceii@gmail.com

To xperia@gihyo.com

受信者を追加
xperia@gihyo.com

入力する

**③** 件名とメールの内容を入力し、▷ をタップすると、メールが送信されます。

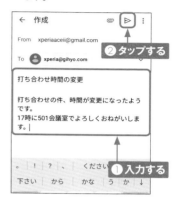

← 作成

From xperiaaceii@gmail.com

**②タップする**

To xperia@gihyo.com

打ち合わせ時間の変更

打ち合わせの件、時間が変更になったようです。
17時に501会議室でよろしくおねがいします。

**①入力する**

---

**MEMO メニューの表示**

「Gmail」の画面を左端から右方向にフリックすると、メニューが表示されます。メニューでは、「メイン」以外のカテゴリやラベルを表示したり、送信済みメールを表示したりできます。なお、ラベルの作成や振り分け設定は、パソコンのWebブラウザで「https://mail.google.com/」にアクセスして行います。

---

**95**

Section **32**

# Yahoo!メール・ PCメールを設定する

Application

「Gmail」アプリを利用すれば、パソコンで使用しているメールを送受信することができます。ここでは、Yahoo!メールの設定方法と、PCメールの追加方法を解説します。

## 🖼 Yahoo!メールを設定する

**1** あらかじめYahoo!メールのアカウント情報を準備しておきます。P.94手順②の画面で画面左端から右方向にフリックし、<設定>をタップします。

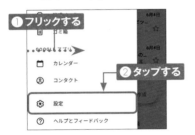

① フリックする
② タップする

**2** <アカウントを追加>をタップします。

タップする

**3** <Yahoo>をタップします。

タップする

**4** Yahoo!メールのメールアドレスを入力して、<続ける>または<次へ>をタップし、画面の指示に従って設定します。

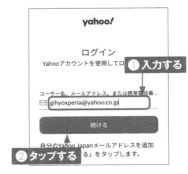

① 入力する
② タップする

**3**

# PCメールを設定する

① P.96手順③の画面で<その他> をタップします。

② PCメールのメールアドレスを入力 して、<次へ>をタップします。

③ アカウントの種類を選択します。 ここでは、<個人用（POP3）> をタップします。

④ パスワードを入力して、<次へ> をタップします。

**3**

**5** ユーザー名や受信サーバーを入力して、＜次へ＞をタップします。

❶入力する
❷タップする

**6** 送信サーバーを入力して、＜次へ＞をタップします。

❶入力する
❷タップする

**7** 「アカウントオプション」画面が設定されます。＜次へ＞をタップします。

タップする

**8** アカウントの設定が完了します。＜次へ＞をタップすると、P.94手順②の画面に戻ります。

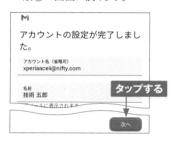

タップする

## MEMO アカウントの表示切り替え

設定したアカウントに表示を切り替えるには、「メイン」画面で右上のアイコンをタップし、表示したいアカウントをタップします。

❶タップする
❷タップする

# Googleのサービスを
# 使いこなす

**Application**

G

# Googleのサービスとは

Googleは、地図、ニュース、動画などのさまざまなサービスをインターネットで提供しています。専用のアプリを使うことで、Googleの提供するこれらのサービスをかんたんに利用することができます。

## Googleのサービスでできること

GmailはGoogleの代表的なサービスですが、そのほかにも地図、ニュース、動画、SNS、翻訳など、さまざまなサービスを無料で提供しています。また、連絡先やスケジュール、写真などの個人データをGoogleのサーバーに保存することで、パソコンやタブレット、ほかのスマートフォンとデータを共有することができます。

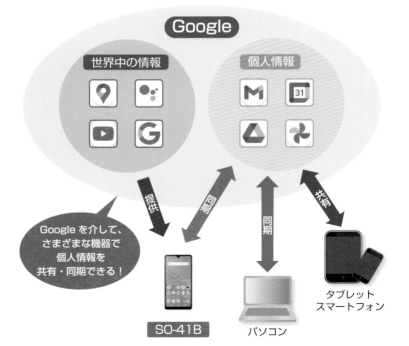

 Googleのサービスと対応アプリ

Googleのほとんどのサービスは、Googleが提供している標準のアプリを使って利用できます。最初からインストールされているアプリ以外は、Google Playからダウンロードします（Sec.34～35参照）。また、Google製以外の対応アプリを利用することもできます。

| サービス名 | 対応アプリ | サービス内容 |
|---|---|---|
| Google Play | Playストア | 各種コンテンツ（アプリ、書籍、映画、音楽）のダウンロード |
| Googleニュース | Googleニュース | ニュースや雑誌の購読 |
| YouTube Music | YouTube Music（YT Music） | 音楽の再生、オンライン上のプレイリストの再生など |
| Gmail | Gmail | Googleアカウントをアドレスにしたメールサービス |
| Googleマップ | マップ | 地図・経路・位置情報サービス |
| Googleカレンダー | Googleカレンダー | スケジュール管理 |
| Google ToDoリスト | ToDoリスト | タスク（ToDo）管理 |
| YouTube | YouTube | 動画サービス |
| Google翻訳 | Google翻訳 | 多言語翻訳サービス（音声入力対応） |
| Googleフォト | Googleフォト | 写真・動画のバックアップ |
| Googleドライブ | Googleドライブ | 文書作成・管理・共有サービス |
| Googleアシスタント | Google | 話しかけるだけで、情報を調べたり端末を操作したりできるサービス |
| Google Keep | Google Keep | メモ作成サービス |

**4**

 **Googleのサービスとドコモのサービスのどちらを使う？**

「ドコモ電話帳」アプリと「スケジュール」アプリのデータの保存先は、Googleとドコモで同様のサービスを提供しているため、どちらか1つを選ぶ必要があります。ふだんからGoogleのサービスを利用していて、それらのデータを連携させたい人はGoogleを、Googleのサービスはあまり利用していないという人はドコモを選ぶとよいでしょう。
Googleのサービスを利用する場合は、連絡先の保存先（P.54手順②参照）でGoogleアカウントを選び、スケジュール管理には「Googleカレンダー」アプリを使ってください。一方、ドコモを利用する場合は、連絡先の保存先に「docomo」を選び、スケジュール管理に「スケジュール」アプリを使います。

# Google Playで アプリを検索する

Application

SO-41Bは、Google Playに公開されているアプリをインストールすることで、さまざまな機能を利用することができます。まずは、目的のアプリを探す方法を解説します。

## アプリを検索する

**(1)** ホーム画面で<Playストア>をタップします。

**(2)** 「Playストア」アプリが起動するので、<アプリ>をタップし、<カテゴリ>をタップします。

**(3)** アプリのカテゴリが表示されます。画面を上下にスライドします。

**(4)** 見たいジャンル（ここでは<ツール>）をタップします。

**5** 「アート&デザイン」のアプリが表示されます。上方向にスライドし、「人気のツールアプリ（無料）」の→をタップします。

**6** 「無料」のアプリが一覧で表示されます。詳細を確認したいアプリをタップします。

**7** アプリの詳細な情報が表示されます。人気のアプリでは、ユーザーレビューも読めます。

**MEMO キーワードでの検索**

Google Playでは、キーワードからアプリを検索できます。検索機能を利用するには、手順②の画面で画面上部の検索ボックスをタップしてキーワードを入力し、キーボードの🔍をタップします。

4

# アプリをインストール・アンインストールする

Application

Google Playで目的の無料アプリを見つけたら、インストールしてみましょう。なお、不要になったアプリは、Google Playからアンインストール（削除）できます。

## アプリをインストールする

**(1)** Google Playでアプリの詳細画面を表示し（P.102手順⑥〜⑦参照）、＜インストール＞をタップします。

高速クリーナー：強力なクリーン＆CPUクーラー
moon live studio
広告を含む

**タップする**

4.2★
2107件のレビュー

100万以上
ダウンロード数

3+
3歳以上 ⓘ

インストール

**(2)** 初回は「アカウント設定の完了」画面が表示されるので、＜次へ＞をタップします。支払い方法の選択では＜スキップ＞をタップします。

アカウント設定の完了

**タップする**

アカウントを確認して、Google Play のアプリのインストールを続行してください

次へ

**(3)** アプリのダウンロードとインストールが開始されます。

←　**アプリがインストールされる**

高速クリーナー：強力なクリーン＆CPUクーラー

**(4)** アプリのインストールが完了します。アプリを起動するには、＜開く＞をタップするか、ホーム画面に追加されたアイコンをタップします。

なクリーン＆CPUクーラー
moon live studio
広告を含む

**タップする**

アンインストール　　開く

### MEMO ホーム画面にアイコンを追加しない設定

ホーム画面にアイコンを追加したくない場合は、ホーム画面の何もないところをロングタッチし、＜ホーム設定＞→＜ホーム画面にアプリのアイコンを追加＞の順にタップして ● を にします。

# ■ アプリをアップデートする／アンインストールする

## ● アプリをアップデートする

(1) 「Google Play」のトップ画面で右上のアカウントアイコンをタップし、表示されるメニューの<アプリとデバイスの管理>をタップします。

(2) アップデート可能なアプリがある場合、「利用可能なアップデートがあります」と表示されます。<すべて更新>をタップすると、アプリが一括で更新されます。

## ● アプリをアンインストールする

(1) 左側の手順②の画面で<管理>をタップし、アンインストールしたいアプリをタップします。

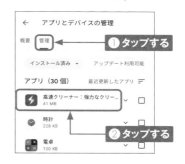

(2) アプリの詳細が表示されます。<アンインストール>をタップし、<アンインストール>をタップするとアンインストールされます。

**4**

---

**MEMO** ドコモのアプリのアップデートとアンインストール

ドコモで提供されているアプリは、上記の方法ではアップデートやアンインストールが行えないことがあります。詳しくは、P.127を参照してください。

Section **36**

# 有料アプリを購入する

Application

有料アプリを購入する場合、「NTTドコモの決済を利用」「クレジットカード」「Google Playギフトカード」などの支払い方法が選べます。ここでは、クレジットカードを登録する方法を解説します。

## ■ クレジットカードで有料アプリを購入する

**(1)** 有料アプリを選択し、アプリの価格が表示されたボタンをタップし、<同意する>をタップします。

**(2)** 支払い方法を設定します。図のような画面が表示された場合は、<次へ>をタップします。

**(3)** <カードを追加>をタップします。

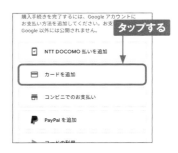

### MEMO Google Play ギフトカードとは

コンビニなどで販売されている「Google Playギフトカード」を利用すると、プリペイド方式でアプリを購入することができます。クレジットカードを登録したくないときに便利です。利用するには、P.105左の手順①の画面で<お支払いと定期購入>→<ギフトコードの利用>の順にタップします。

4

**④** 「カードを追加」画面で「カード番号」と「有効期限」、「CVCコード」を入力します。

入力する

**⑤** 「クレジットカード所有者の名前」、「国名」、「郵便番号」を入力し、<保存>をタップします。

❶入力する

❷タップする

**⑥** <購入>をタップします。

タップする

**⑦** 認証の確認画面が表示された場合は、<要求しない>または<常に要求する>→<OK>の順にタップします。<OK>をタップすると、ダウンロードとインストールが開始されます。

タップする

---

### 📝 MEMO 購入したアプリの払い戻し

有料アプリは、購入してから2時間以内であれば、返品して全額払い戻しを受けることができます。返品するには、P.105右側を参考に購入したアプリの詳細画面を表示し、<払い戻し>をタップして、次の画面で<はい>をタップします。なお、払い戻しできるのは、1つのアプリにつき1回だけです。

# Googleマップを
# 使いこなす

Application

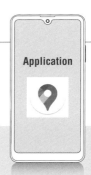

Googleマップを利用すれば、自分の今いる場所や、現在地から
目的地までの道順を地図上に表示できます。なお、Googleマップ
のバージョンによっては、本書と表示内容が異なる場合があります。

## 「マップ」アプリを利用する準備を行う

(1) P.20を参考に「設定」アプリを
起動して、<位置情報>をタップ
します。

(2) 「位置情報の使用」が○の場
合はタップします。位置情報につ
いての同意画面が表示されたら、
<同意する>をタップします。

(3) ○に切り替わったら、<詳細設
定>→<Googleロケーション履
歴>の順にタップします。

(4) 「ロケーション履歴」が○の場
合はタップして、<有効にする>
→<OK>をタップします。

(5) 表示が●に切り替わったら、「マッ
プ」アプリを使用する準備は完
了です。

## 現在地を表示する

**(1)** ホーム画面で<アプリ一覧ボタン>をタップし、<マップ>をタップします。

**(2)** 「マップ」アプリが起動します。⊙をタップし、初回は<アプリの使用時のみ>→<有効にする>の順にタップします。

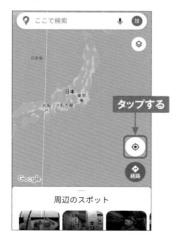

**(3)** 現在地が表示されます。地図の拡大はピンチアウト、縮小はピンチインで行います。スライドすると表示位置を移動できます。

**MEMO** 位置情報の精度を変更

P.108手順③の画面で<Google位置情報の精度>をタップすると、「位置情報の精度を改善」で、位置情報の精度を変更ができます。 ◯にすると、収集された位置情報を活用することで、位置情報の精度を改善することができます。

| ← | Google 位置情報の精度 |
|---|---|
| | 位置情報の精度を改善 ● |

Google 位置情報の精度

Google の位置情報サービスでは、Wi-Fi、モバイルネットワーク、センサーを使用して現在地を推定することで、位置情報の精度を改善しています。Google では、位置情報データを定期的に収集し、このデータを匿名の方法で活用して位置情報の精度や位置情報を利用したサービスを改善しています。

**4**

## 目的地までのルートを検索する

**(1)** P.109手順③の画面で<経路>をタップし、移動手段（ここでは🚇）をタップして、<目的地を入力>をタップします。出発地を現在地から変えたい場合は、<現在地>をタップして変更します。

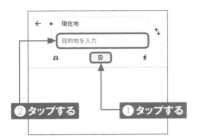

**(2)** 目的地を入力し、検索結果の候補から目的の場所をタップします。

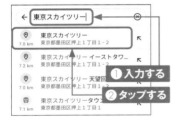

**(3)** ルートが一覧表示されます。利用したい経路をタップします。

**(4)** 目的地までのルートが地図で表示されます。画面下部を上方向へフリックします。

**(5)** ルートの詳細が表示されます。下方向へフリックすると、手順④の画面に戻ります。◄ を何度かタップすると、地図に戻ります。

 **MEMO　ナビの利用**

「マップ」アプリには、「ナビ」機能が搭載されています。手順④の画面に表示される<ナビ開始>をタップすると、「ナビ」が起動します。現在地から目的地までのルートを音声ガイダンス付きで案内してくれます。

4

## 周辺の施設を検索する

**(1)** 施設を検索したい場所を表示し、検索ボックスをタップします。

**(2)** 探したい施設を入力し、🔍をタップします。

**(3)** 該当するスポットが一覧で表示されます。左右にスライドして、気になるスポット名をタップします。

**(4)** 選択した施設の情報が表示されます。上下にスライドすると、より詳細な情報を表示できます。

# Googleアシスタントを利用する

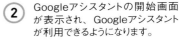
Application

SO-41Bでは、Googleの音声アシスタントサービス「Googleアシスタント」を利用できます。本体右横のGoogleアシスタントキーを押すだけで起動でき、音声でさまざまな操作をすることができます。

## Googleアシスタントの利用を開始する

**(1)** Googleアシスタントキーを押すか、◯をロングタッチします。

ロングタッチする

**(2)** Googleアシスタントの開始画面が表示され、Googleアシスタントが利用できるようになります。

### MEMO 音声でアシスタントの起動

自分の音声を登録すると、SO-41Bの起動中に「OK Google（オーケーグーグル）」と発声して、すぐにGoogleアシスタントを使うことができます。P.20を参考に「設定」アプリを起動し、<Google>→<Googleアプリの設定>→<検索、アシスタントと音声>→<Googleアシスタント>→<Voice Match>→<OK Google>の順にタップして有効にし、画面に従って音声を登録します。

Voice Match

アシスタントが声を認識できるようにする

**このスマートフォン**

Ok Google
画面がオンのときに「Ok Google」と話しかければ、いつでもアシスタントにアクセスできます

**共有デバイス**

アシスタントは Voice Match で声を認識し、アカウント

#  Googleアシスタントへの問いかけ例

Googleアシスタントを利用すると、語句の検索だけでなく予定やリマインダーの設定、電話やメールの発信など、さまざまなことが、SO-41Bに話しかけるだけで行えます。まずは、「何ができる?」と聞いてみましょう。

タップして話しかける

### ●調べ物

「東京スカイツリーの高さは?」
「大谷翔平の身長は?」

### ●スポーツ

「ガンバ大阪の試合はいつ?」
「セントラルリーグの順位表は?」

### ●経路案内

「最寄りの駅までナビして」

### ●楽しいこと

「キリンの鳴き声を教えて」
「コインを投げて」

### ●設定

「アラームを設定して」

4

---

MEMO **Googleアシスタントから利用できないアプリ**

たとえば、Googleアシスタントで「○○さんにメールして」と話しかけると、「Gmail」アプリ (P.94参照) が起動し、ドコモの「ドコモメール」アプリ (P.82参照) は利用できません。このように、GoogleアシスタントではGoogleのアプリが優先されるので、一部のアプリはGoogleアシスタントからは利用できないことがあります。

# 紛失したSO-41Bを
# 探す

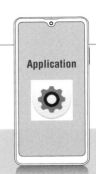

**Application**

SO-41Bを紛失してしまっても、パソコンからSO-41Bがある場所を
確認できます。なお、この機能を利用するには事前に位置情報を
有効にしておく必要があります（P.108参照）。

## 「デバイスを探す」を設定する

**1** ホーム画面で＜アプリ一覧ボタ
ン＞をタップし、＜設定＞をタップ
します。

**2** ＜セキュリティ＞をタップします。

**3** ＜デバイスを探す＞をタップしま
す。

**4** の場合は＜OFF＞をタップし
てにします。

## ■ パソコンでSO-41Bを探す

(1) パソコンのWebブラウザでGoogleの「Googleデバイスを探す」(https://android.com/find) にアクセスします。

(2) ログイン画面が表示されたら、Sec.11で設定したGoogleアカウントを入力し、<次へ>をクリックします。パスワードの入力を求められたらパスワードを入力し、<次へ>をクリックします。

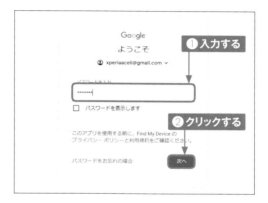

(3) 「デバイスを探す」画面で<承認>をクリックすると、地図が表示され、SO-41Bのおおまかな位置を確認できます。画面左上の項目をクリックすると、音を鳴らしたり、ロックをかけたり、端末内のデータを初期化したりできます。

Section **40**

# YouTubeで
# 世界中の動画を楽しむ

Application

世界最大の動画共有サイトであるYouTubeの動画は、SO-41Bで
も視聴することができます。高画質の動画を再生可能で、一時停
止や再生位置の変更も行えます。

## ■ YouTubeの動画を検索して視聴する

**(1)** ホーム画面で＜アプリ一覧ボタ
ン＞をタップし、＜YouTube＞を
タップします。

**(2)** YouTube Premiumに関する画
面が表示された場合は、＜スキッ
プ＞をタップします。YouTubeの
トップページが表示されるので、
Qをタップします。

**(3)** 検索したいキーワード（ここでは
「ルーブル美術館」）を入力して、
Qをタップします。

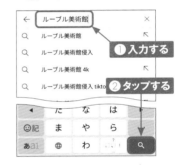

**(4)** 検索結果一覧の中から、視聴し
たい動画のサムネイルをタップしま
す。

**⑤** 再生が始まります。P.17手順①を参考に通知パネルを表示して、<回転アイコン>をタップして<回転アイコン>にしたうえで画面を横向きにすると、全画面表示になります。画面をタップします。

タップする

**⑥** メニューが表示されます。**Ⅱ**をタップすると一時停止します。**∨**をタップします。

タップする

タップして一時停止

**⑦** 再生画面がウィンドウ化され、動画を再生しながら視聴したい動画の選択操作ができます。動画再生を終了するには、**×**をタップするか、**◀**を何度かタップしてYouTubeを終了します。

ウィンドウ化されて再生される

タップする

## 📱 YouTubeの操作

再生画面のウィンドウ化

自動再生のオン/オフ

字幕のオン/オフ

画質や再生速度の切り替え

全画面表示の切り替え

**MEMO** そのほかのGoogleサービスアプリ

本章で紹介したもの以外にも、たくさんのGoogleサービスのアプリが公開されています。無料で利用できるものも多いので、Google Playからインストールして試してみてください。

## Google翻訳

100種類以上の言語に対応した翻訳アプリ。音声入力やカメラで撮影した写真の翻訳も可能。

## Google Keep

文字や写真、音声によるメモを作成するアプリ。Webブラウザでの編集も可能。

## Googleドライブ

無料で15GBの容量が利用できるオンラインストレージアプリ。ファイルの保存・共有・編集ができる。

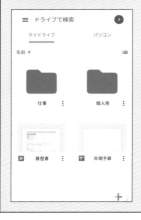

## Googleカレンダー

Web上のGoogleカレンダーと同期し、同じ内容を閲覧・編集できるカレンダーアプリ。

# ドコモのサービスを
# 利用する

# dメニューを利用する

Application

SO-41Bでは、ドコモのポータルサイト「dメニュー」を利用できます。dメニューでは、ドコモのサービスにアクセスしたり、メニューリストからWebページやアプリを探したりすることができます。

## メニューリストからWebページを探す

**1** ホーム画面で<dメニュー>をタップします。「dメニューお知らせ設定」画面が表示された場合は、<OK>をタップします。

タップする

**2** 「Chrome」アプリが起動し、dメニューが表示されます。<メニューリスト>をタップします。

タップする

**3** 「メニューリスト」画面が表示されます。画面を上方向にスクロールします。

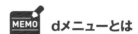

スクロールする

---

**MEMO** dメニューとは

dメニューは、ドコモのスマートフォン向けのポータルサイトです。ドコモおすすめのアプリやサービスなどをかんたんに検索したり、利用料金の確認などができる「My docomo」（P.124参照）にアクセスしたりできます。

**(4)** 閲覧したいWebページのジャンルをタップします。

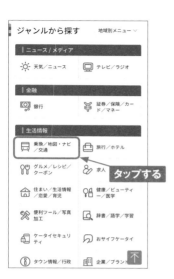

**(5)** 一覧から、閲覧したいWebページのタイトルをタップします。アクセス許可が表示された場合は、<許可>をタップします。

**(6)** 目的のWebページが表示されます。◀を何回かタップすると一覧に戻ります。

P.120手順②で<マイメニュー>をタップしてdアカウントでログインすると、「マイメニュー」画面が表示されます。

**MEMO** **マイメニューの利用**

P.120手順②で<マイメニュー>をタップしてdアカウントでログインすると、「マイメニュー」画面が表示されます。登録したアプリやサービスの継続課金一覧、dメニューから登録したサービスやアプリを確認できます。

Section **42**

# my daizを利用する

Application

my
daiz

「my daiz」は、話しかけるだけで情報を教えてくれたり、ユーザーの行動に基づいた情報を自動で通知してくれたりするサービスです。使い込めば使い込むほど、さまざまな情報を提供してくれます。

## my daizの機能

my daizは、登録した場所やプロフィールに基づいた情報を表示してくれるサービスです。有料版を使用すれば、ホーム画面のmy daizのアイコンが先読みして教えてくれるようになります。また、直接my daizと会話して質問したり本体の設定を変更したりすることもできます。

### ●アプリで情報を見る

「my daiz」アプリで「NOW」タブを表示すると、道路の渋滞情報を教えてくれたり、帰宅時間に雨が降りそうな場合に傘を持っていくよう提案してくれたりなど、ユーザーの登録した内容と行動に基づいた情報が表示されます。

### ●my daizと会話する

「my daiz」アプリで「マイデイズ」と話しかけると、対話画面が表示されます。マイクアイコンをタップして話しかけたり、キーボードから文字を入力したりすることで、天気予報の確認や調べ物、アラームやタイマーなどの設定ができます。

# my daizを利用できるようにする

**1** ホーム画面で<アプリ一覧ボタン>をタップし、<my daiz>をタップします。

**2** 初回起動時は機能の説明画面が表示されます。<はじめる>→<次へ>の順にタップし、<アプリの使用時>もしくは<許可>を何回かタップします。

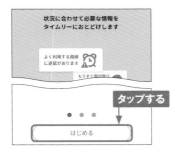

**3** 初回は利用規約が表示されるので、上方向にスクロールして「上記事項に同意する」のチェックボックスをタップしてチェックを付け、<同意する>をタップします。

**4** 「my daiz」が起動します。≡をタップしてメニューを表示し、<設定>をタップします。

**5** <プロフィール>をタップしてdアカウントのパスワードを入力すると、さまざまな項目の設定画面が表示されます。未設定の項目は設定を済ませましょう。

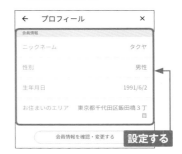

**6** 手順④のあとに<コンテンツ・機能>をタップすると、ジャンル別にカードの表示や詳細を設定できます。

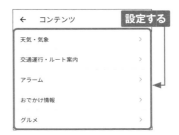

# My docomoを利用する

Application

My docomo

「My docomo」では、契約内容の確認・変更などのサービスが利用できます。利用の際には、dアカウントのパスワード（P.38参照）が必要です。

## 契約情報を確認・変更する

**1** ホーム画面で＜My docomo＞をタップします。Google Playの画面が表示されたらアプリを更新します。再度アプリを起動したら＜許可＞をタップし、「利用規約」に同意します。

タップする

**2** 「dアカウントの設定」画面が表示されたら、＜このdアカウントを設定する＞をタップします。

dアカウントの設定　　　　スキップ

この端末に登録されているdアカウ　タップする
かりました

このdアカウントを設定する

**3** dアカウントのパスワードを入力し、上方向にスクロールします。

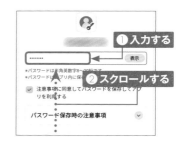

①入力する

表示

*パスワードは半角英数字8〜20桁です
*パスワードはアプリ内に保

②スクロールする

☑ 注意事項に同意してパスワードを保存してアプリを利用する

パスワード保存時の注意事項　　∨

**4** ドコモから送られてくるセキュリティコードを入力し、＜ログインする＞→＜OK＞をタップします。パスコードロック機能の紹介が表示されたら、ここでは＜今はしない＞をタップします。

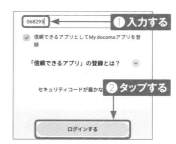

068295　　　①入力する

☑ 信頼できるアプリとしてMy docomoアプリを登録

「信頼できるアプリ」の登録とは？　∨

セキュリティコードが届かな　②タップする

ログインする

**5** 「My docomo」が開くので、＜お手続き＞→＜契約・料金＞→＜ご契約内容の確認・変更＞→＜確認・変更する＞の順にタップします。

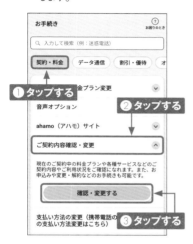

**7** 割り引きサービスや有料オプションなどの契約状況はそれぞれのカテゴリから確認できます。ここでは、＜オプション＞をタップします。

**6** 契約情報の確認画面が開くので、上方向にスクロールします。

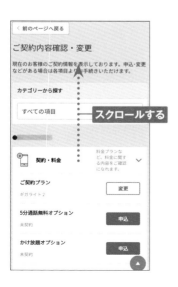

**8** 有料オプションサービスの契約状況が表示されます。料金プランやサービスの申し込み／解約をしたい場合は、そのサービスの＜申込＞や＜解約＞をタップします。

**9** 画面を上方向にスクロールして契約内容を確認します。

**10** 「お手続き内容確認」にチェックが付いていることを確認して、画面を上方向にスクロールします。

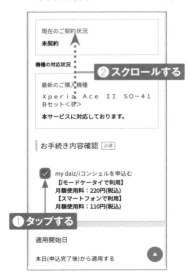

**11** 受付確認メールの送信先をタップして選択し、<次へ進む>をタップします。

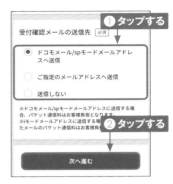

**12** 確認画面が表示されるので、<はい>をタップします。

**13** 注意事項を確認し、チェックボックスにチェックを付け、<同意して進む>→<この内容で手続きを完了する>をタップすると、手続きが完了します。

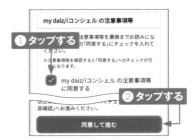

# ■ ドコモのアプリをアップデートする

① P.125手順⑥の画面で、下部の
メニューの<設定>をタップして、
「ドコモアプリ」の<アップデート
一覧>→<確認する>をタップし
ます。

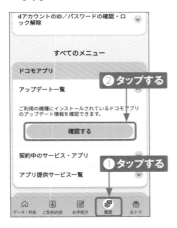

③ それぞれのアプリで「ご確認」
画面が表示されたら、<同意す
る>をタップします。

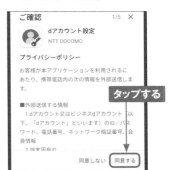

② パスワードを求められた場合、パ
スワードを入力して<OK>をタッ
プします。アップデートできるドコ
モアプリの一覧が表示されます。
<すべてアップデート>をタップし
ます。

④ アプリのアップデートが開始されま
す。

## MEMO ドコモアプリの アンインストール

ドコモのアプリをアンインストー
ルしたい場合は、P.155を参考
にホーム画面でアイコンをロング
タッチし、<アプリ情報>→<ア
ンインストール>をタップします。

**Application**

my daiz

# d払いを利用する

「d払い」は、NTTドコモが提供するキャッシュレス決済サービスです。お店でバーコードを見せるだけでスマホ決済を利用できるほか、Amazonなどのネットショップの支払いにも利用できます。

## d払いとは

「d払い」は、以前からあった「ドコモケータイ払い」を拡張して、ドコモ回線ユーザー以外も利用できるようにした決済サービスです。ドコモユーザーの場合、支払い方法に電話料金合算払いを選べ、より便利に使えます（他キャリアユーザーはクレジットカードが必要）。

「d払い」アプリでは、バーコードを見せるか読み取ることで、キャッシュレス決済が可能です。支払い方法は、電話料金合算払い、d払い残高（ドコモ口座）、クレジットカードから選べるほか、dポイントを使うこともできます。

画面下部の＜クーポン＞をタップすると、店頭で使える割り引きなどのクーポンの情報が一覧表示されます。ポイント還元のキャンペーンはエントリー操作が必須のものが多いので、こまめにチェックしましょう。

# d払いの初期設定を行う

**1** Wi-Fiに接続している場合はP.180を参考にオフにしてから、ホーム画面で<d払い>をタップします。

**2** サービス紹介画面で<次へ>を3回タップし、<OK>→<アプリの使用時のみ>をタップします。

**3** 「ご利用規約」画面をよく読み、<同意して次へ>をタップします。

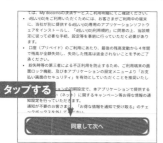

**4** 「ログイン」画面でspモードパスワード（P.38参照）を入力して、<spモードパスワード確認>をタップします。次の画面でドコモ口座を作るか訊かれるので、<いいえ>か<はい>をタップします。

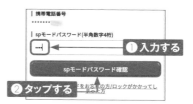

**5** 「ご利用設定」画面で<次へ>をタップし、使い方の説明で<次へ>を何度かタップして<はじめる>をタップすると、利用設定が完了します。

**MEMO** dポイントカード

「d払い」アプリの画面右下の<dポイントカード>をタップすると、モバイルdポイントカードのバーコードが表示されます。dポイントカードが使える店では、支払い前にdポイントカードを見せて、d払いで支払うことで、二重にdポイントを貯めることが可能です

# マイマガジンで
# ニュースをまとめて読む

Application

マイマガジンは、自分で選んだジャンルのニュースが自動で表示される無料のサービスです。読むニュースの傾向に合わせて、より自分好みの情報が表示されるようになります。

## 好きなニュースを読む

**1** ホーム画面で🖥をタップします。

タップする

**2** 初回は「マイマガジンへようこそ」画面が表示されるので、<規約に同意して利用を開始>をタップします。

タップする

規約に同意して利用を開始

**3** 画面を左右にフリックして、ニュースのジャンルを切り替え、読みたいニュースをタップします。

①フリックする

②タップする

**4** 選んだニュースの詳細記事が表示されます。画面を左方向にフリックします。

フリックする

5 同ジャンル（この場合は「ビジネス」）で、違う内容の記事を閲覧できます。画面を上方向にスライドして、<元記事サイトへ>をタップします。

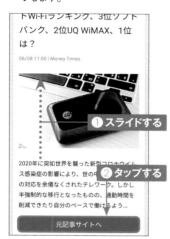

6 元記事のWebページが表示され、全文を読むことができます。画面右下の◎をタップします。

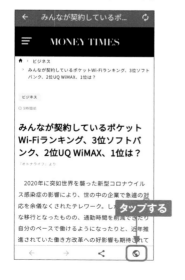

7 「Chrome」アプリで元記事のWebページが表示されます。

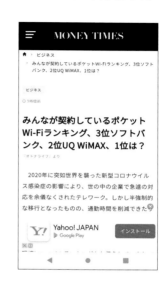

**MEMO 表示ジャンルの設定**

手順③の画面で左上の⚙をタップし、<表示ジャンル設定>をタップすると、表示するジャンルを変更することができます。

| ← 表示ジャンル設定 ÷ |
|---|
| ☑ トップニュース |
| ☑ 新型コロナ |
| ☑ スポーツ |
| ☑ エンタメ |
| ☑ 東京五輪 |
| ☑ 社会 |

5

# ドコモデータコピーを利用する

**Application**

ドコモデータコピーでは、電話帳や画像などのデータをmicroSDカードに保存できます。データが不意に消えてしまったときや、機種変更するときにすぐにデータを戻すことができます。

## ドコモデータコピーでデータをバックアップする

① ホーム画面で<アプリ一覧ボタン>をタップし、<データコピー>をタップします。表示されていない場合は、P.127を参考にアプリをアップデートします。

② 初回起動時に「ドコモデータコピー」画面が表示された場合は、<規約に同意して利用を開始>をタップします。

③ 「ドコモデータコピー」画面で<バックアップ&復元>をタップします。

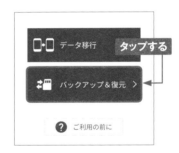

④ 「アクセス許可」画面が表示されたら<スタート>をタップし、<許可>を5回タップして進みます。

(5) 「暗号化設定」画面が表示されるので、ここではそのまま<設定>をタップします。

復元データの選択にはバックアップ時と同じパスワードが必要になります。

設定を切り替え後、一番下の「設定」を選択してください。

タップする

設定

(6) 「バックアップ・復元」画面が表示されるので、<バックアップ>をタップします。

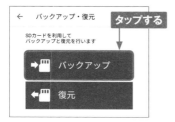

← バックアップ・復元　　タップする

SDカードを利用して
バックアップと復元を行います

➡️💾 バックアップ

⬅️💾 復元

(7) 「バックアップ」画面でバックアップする項目をタップしてチェックを付け、<バックアップ開始>をタップします。

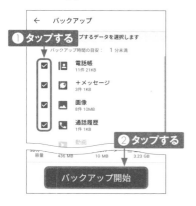

← バックアップ

❶ タップする　プするデータを選択します

バックアップ時間の目安：　1分未満

☑️ 📇 電話帳
11件 21KB

☑️ 💬 +メッセージ
3件 1KB

☑️ 🖼 画像
8件 10MB

☑️ 📞 通話履歴
1件 1KB

🎞 動画

容量　436 MB　　10 MB　　3.23 GB

❷ タップする

バックアップ開始

(8) 「確認」画面で<開始する>をタップします。

3件 1KB

🖼 画像

確認　　タップする

選択したデータのバックアップを開始しますか？

キャンセル　開始する

(9) バックアップが行われます。

バックアップ実行中

⚠️ SDカードを抜かないでください

完了までおよそ　　1分

✅ 📇 電話帳

✅ 💬 +メッセージ

✅ 🖼 画像

✅ 📞 通話履歴

(10) バックアップが完了したら、<トップに戻る>をタップします。

バックアップ完了

バックアップが完了しました
バックアップの結果をご確認ください

✅ 📇 電話帳
11 / 11件

✅ 💬 +メッセージ
3 / 3件

✅ 🖼 画像
8 / 8件

✅ 📞 通話履歴
1 / 1件

タップする

トップに戻る

5

# ドコモデータコピーでデータを復元する

**(1)** P.133手順⑥の画面で<復元>をタップします。

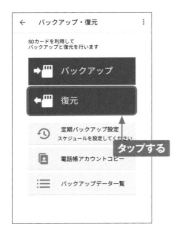

**(2)** 復元するデータをタップしてチェックを付け、<次へ>をタップします。

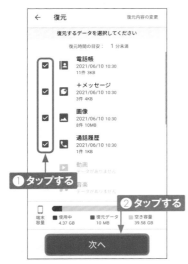

**(3)** データの復元方法を確認して<復元開始>をタップします。<復元方法を変更する場合はこちら>をタップすると、データを上書きするか追加するかを選べます（初期状態は「上書き」）。

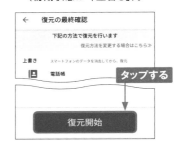

**(4)** 「確認」画面が表示されるので、<開始する>をタップします。

**(5)** データが復元されます。

# 音楽や写真・動画を
楽しむ

# パソコンから音楽・写真・動画を取り込む

Application

SO-41BはUSB Type-Cケーブルでパソコンと接続して、本体メモリやmicroSDカードに各種データを転送することができます。お気に入りの音楽や写真、動画を取り込みましょう。

## ■ パソコンとSO-41Bを接続する

① パソコンとSO-41BをUSB Type-Cケーブルで接続します。「アクセスを許可しますか?」画面が表示されるので、<許可>をタップします。

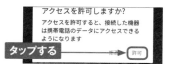

② 初回接続時はパソコンに自動でドライバーがインストールされます。パソコンからSO-41Bにデータを転送できるようになります。

### MEMO データ転送ができない場合

手順②の画面で、間違えて<拒否>をタップしてしまったり、<許可>をタップするのを忘れてしまったりすると、充電モードになってしまいます。その場合は、ステータスバーを下方向にドラッグし、<Androidシステム>→<タップしてその他のオプションを表示します>の順にタップして、「USBの設定」画面が表示されたら、<ファイル転送>をタップすると、データを転送できるようになります。

### MEMO Xperia Companionのインストール

手順②の画面のあとに「Xperia Companionをインストール」画面が表示されることがあります。<インストール>をタップすると、「Xperia Companion」がパソコンにインストールされます。Xperia Companionでは、SO-41Bのコンテンツのバックアップや復元、音楽の転送、端末内のファイルやソフトウェアの管理などができます。

# ■ パソコンからデータを転送する

**1** パソコンでエクスプローラーを開き、「PC」にある<Xperia Ace Ⅱ>をクリックします。

**2** <内部共有ストレージ>をダブルクリックします。microSDカードをSO-41Bに挿入している場合は、「SDカード」と「内部共有ストレージ」が表示されます。

**3** SO-41B内のフォルダやファイルが表示されます。

**4** パソコンからコピーしたいファイルやフォルダをドラッグします。ここでは、音楽ファイルが入っている「音楽」というフォルダを「Music」にコピーします。

**5** コピーが完了したら、パソコンからUSB Type-Cケーブルを外します。画面はコピーしたファイルをSO-41Bの「ミュージック」アプリで表示したところです。

6

# 音楽を聴く

Application

パソコンなどから取り込んだ音楽ファイルは、SO-41Bで再生することができます。ここでは、「ミュージック」アプリを使用して音楽を再生する方法を紹介します。

## 音楽を再生する

**1** ホーム画面で<アプリ一覧ボタン>をタップし、<ミュージック>をタップします。アクセス許可が表示されたら、<許可>をタップして進みます。

タップする

**2** 画面の左端を右方向にフリックし、音楽ファイルの表示方法を選択します。ここでは<アルバム>をタップします。

① フリックする
② タップする

**3** 「マイライブラリー」画面が表示され、音楽がアルバム単位で一覧表示されます。聴きたいアルバムをタップします。

リスト　アーティスト　アルバム　曲　ジャンル

タップする

**4** 聴きたい曲をタップします。「アルバムアート自動ダウンロードの紹介」画面が表示されたら、<解除する>をタップします。

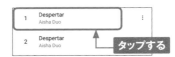

1 Despertar
Aisha Duo

2 Despertar
Aisha Duo

タップする

**5** 画面左下のサムネイル画像をタップすると、ミュージックプレイヤー画面が表示されます。

Quiet Songs
Aisha Duo
3曲

タップする

Despertar
Aisha Duo

# ■ ミュージックプレイヤー画面の見かた

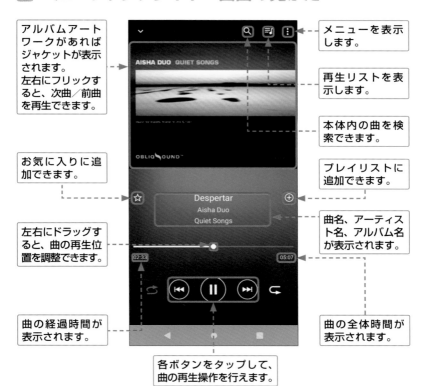

アルバムアートワークがあればジャケットが表示されます。
左右にフリックすると、次曲／前曲を再生できます。

お気に入りに追加できます。

左右にドラッグすると、曲の再生位置を調整できます。

曲の経過時間が表示されます。

メニューを表示します。

再生リストを表示します。

本体内の曲を検索できます。

プレイリストに追加できます。

曲名、アーティスト名、アルバム名が表示されます。

曲の全体時間が表示されます。

各ボタンをタップして、曲の再生操作を行えます。

---

**MEMO** そのほかの音楽の再生アプリ

SO-41Bでは、音楽再生アプリとして「ミュージック」アプリのほかに、「YouTube Music」（YT Music）アプリがあります。「ミュージック」アプリと同様に音楽が聴けるほか、Googleの提供する月額980円の音楽聴き放題サービスが利用できます。

# 写真や動画を撮影する

Application

SO-41Bは2つのレンズによる高解像度のカメラを搭載しています。
「フォト」や「ビデオ」などの撮影モードのほか、さまざまな撮影オプションを利用することができます。

## 「カメラ」アプリの初期設定を行う

**1** ホーム画面で<カメラ>をタップします。

タップする

**2** 「撮影場所を記録しますか?」と表示されたら、<いいえ>もしくは<はい>をタップします。

**撮影場所を記録しますか?**

写真やビデオに撮影場所の位置情報を付けることができます。この設定は後から、カメラ設定の[位置情報を保存]で変更できます。

タップする

**3** 「このデバイスの位置情報へのアクセスを「カメラ」に許可しますか?」と表示されたら、<アプリの使用時のみ>、<今回のみ>、<許可しない>のいずれかタップします。

タップする
このデバイスの位置情報へのアクセスを「**カメラ**」に許可しますか?
アプリの使用時のみ
今回のみ
許可しない

**4** カメラが起動して利用可能になります。

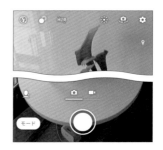

## 写真を撮影する

(1) P.140を参考に「カメラ」アプリを起動します。画面をタップし、ピンチイン／ピンチアウトすると、ズームアウト／ズームインでき、画面上に倍率が表示されます。

(2) ピントを合わせたい場所がある場合は、画面をタップするとすぐにピントが合います。○をタップすると、写真を撮影します。

(3) 撮影が終わると、画面右上に撮影した写真のサムネイルが表示されます。撮影を終了するには▼（本体が縦向きの場合は◀）をタップします。

 **ジオタグの有効／無効**

> P.140手順②で＜はい＞、手順③で＜アプリの使用時のみ＞か＜今回のみ＞をタップすると、撮影した写真に自動的に撮影場所の情報（ジオタグ）が記録されます。自宅や職場など、位置を知られたくない場所で撮影する場合は、オフにしましょう。ジオタグのオン／オフは、手順①の画面で🔧をタップして、＜位置情報を保存＞をタップすると変更できます。

141

## 🎞 動画を撮影する

**(1)** 「カメラ」アプリを起動し、画面を下方向（縦向きの場合は左方向）にスワイプして「ビデオ」に切り替えます。

**(2)** ◉をタップすると、動画の撮影が始まります。

**(3)** 動画の録画中は画面左下に録画時間が表示されます。◉をタップすると、撮影が終了します。

---

**MEMO** **動画撮影中に写真を撮るには**

動画撮影中に◙をタップすると写真を撮影することができます。写真を撮影してもシャッター音は鳴らないので、動画に音が入り込む心配はありません。

# ■ 「カメラ」アプリの画面の見かた

| | | | |
|---|---|---|---|
| ① | ジオタグの付加など本体の状態を表すアイコンが表示されます。 | ⑨ | ズーム操作を行うと表示され、タップすると倍率を切り替えることができます。 |
| ② | 設定項目が表示されます。 | ⑩ | 画面をスワイプすると「フォト」と「ビデオ」を切り替えることができます。 |
| ③ | メインカメラとフロントカメラを切り替えることができます。 | | |
| ④ | 明るさや色合いが変更できます。 | ⑪ | 最近使った撮影モードのアイコンが表示され、タップすると切り替わります。 |
| ⑤ | HDR撮影のオン／オフを切り替えます。 | ⑫ | 直前に撮影した写真がサムネイルで表示されます。 |
| ⑥ | 背景をボカすボケ効果が利用できます。 | | |
| ⑦ | フラッシュの設定ができます。 | ⑬ | 撮影ボタン。動画撮影中は一時停止・停止ボタンが表示されます。 |
| ⑧ | カメラが判断したシーンを検出してアイコンが表示されます。 | ⑭ | 撮影モード（P.145参照）を切り替えることができます。 |

## MEMO 保存先や設定の変更

撮影した写真をmicroSDカードに保存したい場合は、「カメラ」アプリの画面で⚙をタップし、<保存先>→<SDカード>の順にタップします。そのほか、設定画面では画像のサイズや位置情報の保存のオン／オフ、グリッドラインの表示など、さまざまな設定が行えます。

# カメラの撮影機能を
# 活用する

**Application**

SO-41Bのカメラには、背景をぼかして撮影する機能、自分撮りに
最適なポートレートセルフィ機能、パノラマ撮影機能などがあります。
活用すれば撮影をより楽しめます。

## ■ 背景をぼかして撮影する

(1) 「カメラ」アプリを
起動し、「フォト」
モードにします。
をタップします。被
写体が遠すぎると、
「被写体に近づい
てください」と表示
されるので、距離
を調整します。

(2) 右側のスライダーを
ドラッグして、ぼけ
の効果を調節し、
◯をタップすると撮
影が完了します。

(3) 画面右上のサムネ
イル画像をタップす
ると、背景をぼかし
た写真が確認でき
ます。

# ■ ポートレートセルフィーで自分撮りをする

① 「カメラ」アプリを起動し、<モード>をタップして<ポートレートセルフィー>をタップします。

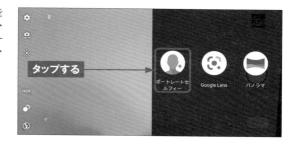

② 初回は<開始する>をタップし、アクセス許可が表示されたら、<アプリの使用時のみ>または<許可>をタップして進みます。目の大きさを調節するには、◉をタップして、◼を上下にドラッグします。

③ 肌の明るさを変えるには、※をタップして、◼を上下にドラッグします。〇をタップすると、効果を加えた写真を撮影できます。

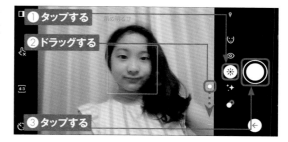

---

### MEMO ポートレートセルフィーのそのほかの効果

ポートレートセルフィーでは、目の大きさと美肌の効果のほか、😊をタップすると輪郭補正、✨をタップすると美肌、◐をタップするとぼけの効果が加えられます。

**Application**

# 写真や動画を閲覧する

撮影した写真や動画は、「フォト」アプリで閲覧することができます。「フォト」アプリは、閲覧だけでなく、自動的にクラウドストレージに写真をバックアップする機能も持っています。

## 「フォト」アプリで写真や動画を閲覧する

**(1)** ホーム画面で<フォト>をタップします。

タップする

**(2)** バックアップの設定をするか聞かれるので、ここでは<バックアップをオンにする>をタップします。

写真と動画は Google アカウントに安全にバックアップされます

タップする

技術五郎
xperiaaceii@gmail.com ∨

バックアップしない　バックアップをオンにする

**(3)** 下記のMEMOを参考に<高画質>をタップし、<確認>をタップします。

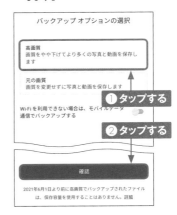

バックアップ オプションの選択

高画質
画質をやや下げてより多くの写真と動画を保存します

元の画質
画質を変更せずに写真と動画を保存します

Wi-Fiを利用できない場合は、モバイルデータ通信でバックアップする

❶ タップする

❷ タップする

確認

2021年6月1日より前に高画質でバックアップされたファイルは、保存容量を使用することはありません。詳細

---

**MEMO** 保存画質の選択

「フォト」アプリでは、Googleドライブの保存容量の上限（標準で15GB）まで写真をクラウドに保存することができます。手順③では保存する画質のサイズを選択していますが、<高画質>を選択すると画像サイズが調整され小さくなります。画質も落ちますが、気にならないレベルなので、写真をたくさん保存したい場合は<高画質>でよいでしょう。なお、アプリを起動するタイミングによっては<高画質>が<保存容量の節約画質>と表示されている場合があります。

④ 本体内の写真や動画が表示されます。動画には時間が表示されています。閲覧したい写真をタップします。

⑤ 写真が表示されます。拡大したい場合は、写真をダブルタップします。また、タップすることで、メニューの表示／非表示を切り替えることができます。

⑥ 写真が拡大されました。手順④の画面に戻るときは、←をタップします。

---

📝 **MEMO 動画の再生**

手順④の画面で動画をタップすると、動画が再生されます。再生を止めたいときなどは、動画をタップします。

6

**147**

## ■ 自動分類されたアルバムを閲覧する

① 「フォト」アプリを起動して、<検索>をタップします。

タップする

フォト　検索　ライブラリ

② <人物><撮影場所><被写体>など、自動的に分類されたジャンルが表示されます。ここでは「被写体」の<花>をタップします。なお、写真が表示されない場合は、P.108を参考に「ロケーション履歴」を有効にしておきます。

Google フォト

Q 写真を検索

撮影場所　　　　　　　　　すべて表示

自分の地図

タップする

被写体　　　　　　　　　　すべて表示

スカイライン　　　花

③ 花を撮影した写真が一覧表示されます。

← 花

これも「花」の写真ですか？
写真を確認

今日

昨日

6月11日(金)

---

**MEMO　写真の検索**

「フォト」アプリでは、キーワードで写真を検索することができます。手順②の画面で検索ボックスに探したい写真のキーワードや日付などを入力することで、対象となる写真が一覧表示されます。

← ボート

昨日

## 写真の情報を調べる

**(1)** P.147手順④を参考に、情報を調べたい写真を表示し、🔍をタップします。

タップする

**(2)** 写真の情報を元にした検索結果が表示されます。ここでは、写真の文字をテキスト化してみましょう。 ＝ をタップします。

タップする

**(3)** 🔲をタップします。文字のテキスト化以外にも、文字の翻訳や関連コンテンツの検索などが行えます。

タップする

**6**

**(4)** 写真内の文字をタップして選択します。＜コピー＞や＜検索＞をタップすると、文字をコピーしたり、選択した文字でWeb検索ができます。

タップする

# 写真を編集する

**1** P.147手順④を参考に写真を表示して、✍をタップします。

タップする

**2** 編集機能に関する案内が表示されたら<OK>をタップします。

便利な編集機能

✨ 候補機能で簡単にあざやかな写真に編集

✍ きめ細かな調整機能で思いどおりの写真に編集

OK

タップする

**3** 写真の編集画面が表示されます。<補正>をタップすると、写真が自動で補正されます。

タップする

補正　ダイナミック　ウォーム

候補　切り抜き　調整

キャンセル　　　　　保存

**4** 写真にフィルタをかける場合は、画面下のメニュー項目を左右にスライドして<フィルタ>を選択します。

❷ スライドする

なし　ビビッド　西部　パルマ

切り抜き　調整　フィルタ　その他

キャンセル

❷ 選択する

6

**5** フィルタを左右にスライドし、かけたいフィルタ（ここでは＜メトロ＞）をタップします。

① スライドする

② タップする

**6** 手順④の画面で＜調整＞を選択すると、明るさやコントラストなどを調整できます。各項目の○を左右にドラッグします。

ドラッグする

**7** 手順④の画面で＜切り抜き＞を選択すると、写真のトリミングや角度調整が行えます。○をドラッグしてトリミングをして、画面下部の目盛りを左右にスライドして角度を調整します。

① ドラッグする

② スライドする

③ タップする

**8** 手順④の画面で＜その他＞を選択すると、写真に書き込みが行えるマークアップが利用できます。編集が終わったら、＜保存＞をタップし、＜保存＞もしくは＜コピーとして保存＞をタップします。

タップする

6

## 写真や動画を削除する

**(1)** P.147手順④の画面で、削除したい写真をロングタッチします。

ロングタッチする

**(2)** 写真が選択されます。このとき、日にち部分をタップする、もしくは手順①で日にち部分をロングタッチすると、同じ日に撮影した写真や動画をまとめて選択することができます。🗑をタップします。

タップする

**(3)** <ゴミ箱に移動>をタップします。

タップする

**(4)** 写真が削除されます。削除直後に表示される<元に戻す>をタップすると、削除がキャンセルされます。

### MEMO 削除した写真や動画を復元する

このページの方法で写真を削除すると、写真はいったんゴミ箱に移動し、60日後に完全に削除されます。削除した写真を復元したい場合は、手順①で<ライブラリ>→<ゴミ箱>をタップし、復元したい写真をロングタッチして選択し、<復元>をタップします。なお、ゴミ箱の容量は1.5GBで、それを超えると、古いものから削除されます。

Chapter

**7**

# SO-41Bを使いこなす

# ホーム画面を
# カスタマイズする

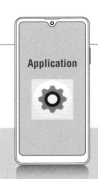

アプリ一覧画面にあるアイコンは、ホーム画面に表示することができます。ホーム画面のアイコンは任意の位置に移動したり、フォルダを作成して複数のアプリアイコンをまとめたりすることも可能です。

## ■ アプリアイコンをホーム画面に表示する

**1** ホーム画面で<アプリ一覧ボタン>をタップしてアプリ一覧画面を表示します。移動したいアプリアイコンをロングタッチし、<ホーム画面に追加>をタップします。

**2** アプリアイコンがホーム画面上に表示されます。

**3** ホーム画面のアプリアイコンをロングタッチします。

**4** ドラッグして、任意の位置に移動することができます。左右のホーム画面に移動することも可能です。

# アプリアイコンをホーム画面から削除する

**(1)** ホーム画面から削除したいアプリアイコンをロングタッチします。

**(2)** <削除>までドラッグします。

**(3)** ホーム画面上からアプリアイコンが削除されます。

## MEMO アイコンの削除とアプリのアインストール

手順②の画面で✕と🗑が表示される場合、<✕>にドラッグするとアイコンが削除されますが、🗑にドラッグするとアプリそのものが削除（アンインストール）されます。

## 📁 フォルダを作成する

**①** ホーム画面でフォルダに収めたいアプリアイコンをロングタッチします。

**②** 同じフォルダに収めたいアプリアイコンの上にドラッグします。

**③** 確認画面が表示されるので、＜作成する＞をタップします。

**④** フォルダが作成されます。＜フォルダ＞をタップします。

**⑤** フォルダが開いて、中のアイコンが表示されます。フォルダ名をタップして任意の名前を入力し、☑をタップすると、フォルダ名を変更できます。

---

### MEMO ドックのアイコンの入れ替え

ホーム画面下部にあるドックのアイコンは、入れ替えることができます。アイコンを任意の場所にドラッグし、かわりに配置したいアプリのアイコンを移動します。

# ■ ホームアプリを変更する

**1** P.20を参考に「設定」アプリを起動し、<アプリと通知>→<詳細設定>→<標準のアプリ>→<ホームアプリ>の順にタップします。

**2** 好みのホームアプリをタップします。ここでは<Xperiaホーム>をタップします。

**3** ホームアプリが「Xperiaホーム」に変更されます。なお、標準のホームアプリに戻すには、手順②の画面で<docomo LIVE UX>をタップします。

---

 **MEMO** かんたんホーム

手順②で選択できる「かんたんホーム」は、基本的な機能や設定がわかりやすくまとめられたホームアプリです。「かんたんホーム」から標準のホームアプリに戻すには、<設定>→<ホーム切替>→<OK>→<docomo LIVE UX>の順にタップします。

# ロック画面に通知を
# 表示しないようにする

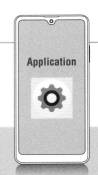

Application

メッセージなどの通知はロック画面にメッセージの一部が表示される
ため、他人に見られてしまう可能性があります。設定を変更するこ
とで、ロック画面に通知を表示しないようにすることができます。

## ■ ロック画面に通知を表示しないようにする

**(1)** P.20を参考に「設定」アプリを
起動して、<アプリと通知>をタッ
プします。

**(3)** <ロック画面上の通知>をタップ
します。

**(2)** <通知の設定>をタップします。

**(4)** <通知を表示しない>をタップす
ると、ロック画面に通知が表示さ
れなくなります。

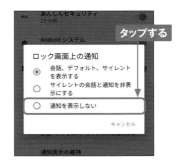

# 不要な通知を
# 表示しないようにする

Application

通知はホーム画面やロック画面に表示されますが、アプリごとに通知のオン／オフを設定することができます。また、通知パネルから通知を選択して、通知をオフにすることもできます。

## アプリの通知をオフにする

**(1)** P.20を参考に「設定」アプリを起動して、＜アプリと通知＞→＜○個のアプリをすべて表示＞の順にタップします。

**(2)** アプリの一覧が表示されます。通知をオフにしたいアプリ（ここでは＜＋メッセージ（SMS）＞）→＜通知＞の順にタップします。

**(3)** 選択したアプリの通知に関する設定画面が表示されるので、＜○○のすべての通知＞をタップします。

**(4)** ○○が○○になり、「＋メッセージ」アプリからの通知がオフになります。なお、アプリによっては、通知がオフにできないものもあります。

### MEMO 通知パネルでの設定変更

通知パネルで通知をオフにしたい場合は、ステータスバーを下方向にドラッグし、通知をオフにしたいアプリをロングタッチして、＜通知をOFFにする＞をタップすると、そのアプリからの通知がオフになります。

# 画面ロックに暗証番号を設定する

Application

「ロックNo.」（暗証番号）を使用して画面にロックをかけることができます。なお、ロック状態のときの通知を変更する場合はP.158を参照してください。

## 画面ロックに暗証番号を設定する

**1** P.20を参考に「設定」アプリを起動して、＜セキュリティ＞→＜画面のロック＞の順にタップします。

**2** ＜ロックNo.＞をタップします。「ロックNo.」とは画面ロックの解除に必要な暗証番号のことです。

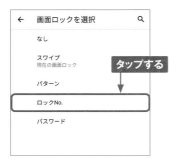

**3** テンキーで4桁以上の数字を入力し、＜次へ＞をタップして、次の画面でも再度同じ数字を入力し、＜確認＞をタップします。

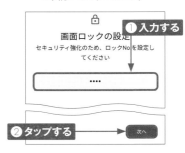

**4** ロック時の通知についての設定画面が表示されます。表示する内容をタップしてオンにし、＜完了＞をタップすると、設定完了です。

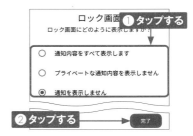

## 暗証番号で画面のロックを解除する

① スリープモード（P.10参照）の
状態で、電源キー／指紋センサー
を押します。

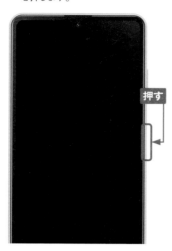

押す

② ロック画面が表示されます。画面
を上方向にスワイプします。

14:23
6月11日金曜日

スワイプする

③ P.160手順③で設定した暗証番
号（ロックNo.）を入力して→|を
タップすると、画面のロックが解
除されます。

ロックNo.を入力

| 1 | 2 ABC | 3 DEF |
|---|---|---|
| 4 GHI | 5 JKL | 6 MNO |
| 7 PQRS | 8 TUV | 9 WXYZ |
| ⊗ | 0 | →| |

緊急通報

タップする

7

### MEMO 暗証番号の変更

設定した暗証番号を変更するに
は、P.160手順①で＜画面のロッ
ク＞をタップし、現在の暗証番号
を入力して→|をタップします。
表示される画面で＜ロックNo.＞
をタップすると、暗証番号を再設
定できます。初期状態に戻すに
は、＜スワイプ＞→＜無効にす
る＞の順にタップします。

| ← 画面ロックを選択 | タップする |
|---|---|
| なし | |
| スワイプ | |
| パターン | |

161

# 指紋認証で画面ロックを解除する

**Application**

SO-41Bは電源キーに指紋センサーが搭載されています。指紋を登録することで、ロックをすばやく解除できるようになるだけでなく、セキュリティも強化することができます。

## 指紋を登録する

**(1)** P.20を参考に「設定」アプリを起動して、<セキュリティ>をタップします。

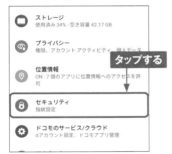

```
ストレージ
使用済み 34% ・ 空き容量 42.17 GB

プライバシー
権限、アカウント アクティビティ、個人データ
                                    タップする
位置情報
ON ・ 7 個のアプリに位置情報へのアクセスを許可

セキュリティ
指紋設定

ドコモのサービス/クラウド
dアカウント設定、ドコモアプリ管理
```

**(2)** <指紋設定>をタップします。

```
デバイスのセキュリティ

画面のロック
スワイプ

指紋設定
指紋ロック解除機能は無効です

Smart Lock
使用するには、まず画面ロックを設定してください

                                    タップする
デバイス管理アプリ
有効なアプリ: 2 個

SIMカードロック設定
```

**(3)** 画面ロックが設定されていない場合は「画面ロックを選択」画面が表示されるので、P.160を参考に設定します。画面ロックを設定している場合は入力画面が表示されるので、P.160で設定した方法で解除します。

```
←    画面ロックを選択              Q

予備の画面ロック方法を選択してください。

機器を再起動した後や指紋が認識されなかった場合などに必要になるため、忘れないようご注意ください。

        指紋 + パターン
```

**(4)** 「通知」画面が表示されたら、ロック状態のときの通知方法を選択し、<完了>をタップします。「指紋によるロック解除」が表示されたら、<次へ>をタップします。センサーの説明が表示されるので、<次へ>をタップします。

タップする

```
キャンセル              次へ
```

**(5)** いずれかの指を電源キー／指紋センサーの上に置くと、指紋の登録が始まります。画面の指示に従って、指をタッチする、離すをくり返します。

**(6)** 「指紋を追加しました」と表示されたら、＜完了＞をタップします。

**(7)** ロック画面を表示して、手順⑤で登録した指を電源キー／指紋センサーの上に置くと、ロックが解除されます。

## Google Playで指紋認証を利用するには

Google Playで指紋認証を設定すると、アプリを購入する際に、パスワード入力のかわりに指紋認証を利用することができます。指紋を設定後、Google Playで画面右上のアカウントアイコンをタップし、＜設定＞→＜ユーザーコントロール＞→＜生体認証＞の順にタップして、画面の指示に従って設定してください。

# サイドセンスで操作を快適にする

Application

SO-41Bには、「サイドセンス」という機能があります。画面右端に表示されるサイドセンスバーをダブルタップしてメニューを表示したり、スライドしてバック操作を行ったりすることが可能です。

## ■ サイドセンスをオンにする

**(1)** P.20を参考に「設定」アプリを起動して、＜画面設定＞→＜詳細設定＞の順にタップします。

**(2)** ＜サイドセンス＞をタップします。

**(3)** ＜OFF＞になっている場合はタップして、⬜を⬤にします。

### MEMO サイドセンスの動作設定

手順③の画面で＜サイドセンスバーの感度調整＞をタップすると、ダブルタップの感度などを調整できます。また、＜サイドセンスバーの操作範囲＞をタップすると、ダブルタップが有効な範囲の変更が可能です。

# ■ サイドセンスを利用する

**(1)** 画面右側に表示されるサイドバーをダブルタップします。なお、ダブルタップが有効な範囲については、P.164MEMOを参照してください。初回は＜始める＞をタップします。

**(2)** サイドセンスメニューが表示されます。上下にドラッグして位置を調節し、起動したいアプリ（ここでは＜Chrome＞）をタップします。

**(3)** タップしたアプリ（ここでは「Chrome」アプリ）が起動します。

### MEMO サイドセンスの そのほかの機能

手順②の画面に表示されるサイドセンスメニューには、使用状況から予測されたアプリが自動的に一覧表示されます。そのほか、サイドバーを下方向にスライドするとバック操作（直前の画面に戻る操作）になり、上方向にスライドするとマルチウィンドウメニュー（P.166参照）を表示します。

# 画面を分割表示する

サイドセンス機能のマルチウィンドウメニューを利用することで、画面を上下に分割して2つのアプリを同時に表示することができます。なお、画面分割に対応していないアプリもあります。

## 画面を分割表示する

**①** P.164を参考にサイドセンス機能を有効にし、画面右側のサイドバーを上方向にスライドします。

スライドする

**②** マルチウィンドウメニューが表示されるので、左の四角内の上側をタップし、上側に表示するアプリ（ここでは＜マップ＞）をタップします。

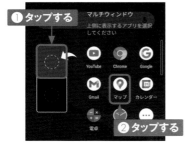

①タップする　マルチウィンドウ
上側に表示するアプリを選択してください

②タップする

**③** 左の四角内の下側をタップし、下側に表示するアプリ（ここでは＜Chrome＞）をタップします。

①タップする　マルチウィンドウ　②タップする
下側に表示するアプリを選択してください

**④** 画面が上下に分割されて2つのアプリが表示されます。

**(5)** 右下のキーアイコン■をタップすると、下側にアプリの切り替え画面が表示されるので、左右にスライドして表示したいアプリをタップします。●をタップして別のアプリを起動することもできます。

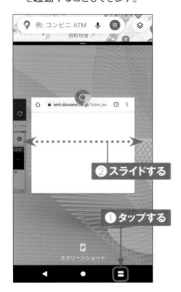

**(6)** 下側のアプリが切り替わります。なお、上側のアプリは切り替えることができません。中央の■を上下にドラッグすると表示範囲を変更できます。上下の端までドラッグすると分割が解除されます。

---

### MEMO マルチウィンドウメニューからのアプリの入れ替え

分割画面を表示した状態でマルチウィンドウメニューを表示すると、再度表示するアプリを選択したり、表示するアプリの上下を入れ替えたりすることができます。

### MEMO アプリ切り替え画面からの分割表示

P.21MEMOのアプリ切り替え画面でアプリのアイコンをタップして、<分割画面>をタップすることでも分割画面を表示できます。この場合、最初の画面は上側に表示されます。

# スリープモードになるまでの時間を変更する

Application

スリープモードになるまでの時間が短いと、突然スリープモードになってしまって困ることがあります。ちょっと時間が短いなと思ったら、スリープモードになるまでの時間を長くしておきましょう。

## スリープモードになるまでの時間を変更する

(1) P.20を参考に「設定」アプリを起動して、<画面設定>→<画面消灯>の順にタップします。

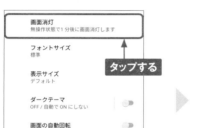

(2) スリープモードになるまでの時間をタップします。

---

**画面消灯後のロック時間の変更**

画面のロック方法がロックNo. ／パターン／パスワードの場合、画面が消えてスリープモードになった後、ロックがかかるまでには時間差があります。この時間を変更するには、P.160手順②の画面で⚙をタップし、<画面消灯後にロック>をタップして、ロックがかかるまでの時間をタップします。

| 画面消灯後にロック |
| --- |
| ○ すぐ |
| ◉ 5秒 |
| ○ 15秒 |
| ○ 30秒 |
| ○ 1分 |

Application

# 画面の明るさを変更する

画面の明るさは手動で調整できます。使用する場所の明るさに合わせて変更しておくと、目が疲れにくくなります。暗い場所や、直射日光が当たる場所などで利用してみましょう。

## 見やすい明るさに調節する

(1) ステータスバーを2本指で下方向にドラッグして、クイック設定パネルを表示します。

2本指でドラッグする

(2) 上部のスライダーを左右にドラッグして、画面の明るさを調節します。

ドラッグする

### MEMO 明るさの自動調節のオン/オフ

P.20を参考に「設定」アプリを起動して、<画面設定>→<明るさの自動調節>をタップし、<明るさの自動調節>をタップすることで、画面の明るさの自動調節のオン/オフを切り替えることができます。オフにすると、周囲の明るさに関係なく、画面は一定の明るさになります。

タップする

# ダークテーマを利用する

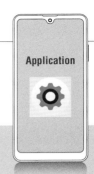

**Application**

SO-41Bでは、画面全体を黒を基調とした目に優しく、省電力にもなるダークテーマを利用できます。ダークテーマに変更すると、対応するアプリもダークテーマになります。

## ダークテーマに変更する

**(1)** P.20を参考に「設定」アプリを起動して、<画面設定>をタップします。

**(3)** 画面全体が黒を基調とした色に変更されます。

**(2)** <ダークテーマ>をタップします。

**(4)** 対応するアプリもダークテーマで表示されます。もとに戻すには再度手順①〜②の操作を行います。

# ブルーライトを
# カットする

Application

SO-41Bには、ブルーライトを軽減できる「ナイトライト」機能があります。就寝時や暗い場所で操作するときに目の疲れを軽減できます。また、時間を指定してナイトライトを設定することも可能です。

## 指定した時間にナイトライトを設定する

**(1)** P.20を参考に「設定」アプリを起動して<画面設定>→<詳細設定>→<ナイトライト>の順にタップします。

片手モード
OFF
**タップする**

バックライト

ナイトライト
OFF / 自動で ON にしない

**(2)** <今すぐONにする>をタップします。

今すぐ ON にする ← **タップする**

**(3)** ナイトライトがオンになり、画面が黄色みがかった色になります。●を左右にドラッグして輝度を調整したら、<スケジュール>をタップします。

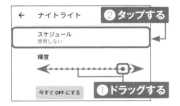

← ナイトライト　❷ **タップする**

スケジュール
使用しない

輝度

今すぐ OFF にする　❶ **ドラッグする**

**(4)** <指定した時刻にON>をタップします。<使用しない>をタップすると、常にナイトライトがオンのままになります。

← ナイトライト　　　　　Q

使用しない

指定した時刻にON

日の入りから日の出まで ON

今すぐ OFF にする　**タップする**

**(5)** <開始時刻>と<終了時刻>をタップして設定すると、指定した時間のみ、ナイトライトがオンになります。

← ナイトライト　　　　　Q

スケジュール
指定した時刻にON

開始時刻
22:00
**タップして設定する**

終了時刻
6:00

輝度

6:00 まで ON にする

7

Application

# 表示サイズを変更する

画面の文字やアイコンが小さすぎて見にくいときは、表示サイズを
変更しましょう。フォントサイズの変更（MEMO参照）と異なり、
アプリのアイコンや画面のデザインも拡大表示されます。

## 表示サイズを変更する

**(1)** P.20を参考に「設定」アプリを
起動して、＜画面設定＞をタップ
します。

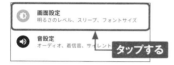

**(2)** ＜表示サイズ＞をタップします。

**(3)** 下部にあるスライダーを左右にドラッグして、サイズを変更します。表示
結果は画面上で確認できます。

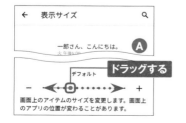

**(4)** 文字やアイコンなど、画面表示
が全体的に拡大されます。ホーム画面などでは、アイコンの並び
が変わることがあります。

### MEMO フォントサイズを変更する

文字の大きさだけを変更したい
ときは、手順②の画面で＜フォントサイズ＞をタップして、スライ
ダーを左右にドラッグして設定します。

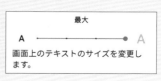

# スクリーンショットを撮る

SO-41Bでは、表示中の画面をかんたんに撮影（スクリーンショット）できます。撮影できないものもありますが、重要な情報が表示されている画面は、スクリーンショットで残しておくと便利です。

## 本体キーでスクリーンショットを撮影する

(1) 撮影したい画面を表示して、電源キー／指紋センサーと音量キーの下側を同時に1秒以上押します。

1秒以上押す

(2) 画面が撮影され、左下にサムネイルとメニューが表示されます。●をタップしてホーム画面に戻り、「フォト」アプリを起動します。

タップする

(3) ＜ライブラリ＞→＜Screenshots＞の順にタップし、撮影したスクリーンショットをタップすると、撮影した画面が表示されます。

### MEMO スクリーンショットの保存場所

撮影したスクリーンショットは、内部共有ストレージの「Pictures」フォルダ内の「Screenshots」フォルダに保存されます。

7

Section **65**

# 壁紙を変更する

**Application**

ホーム画面やロック画面では、撮影した写真などSO-41B内に保存されている画像を壁紙に設定することができます。「フォト」アプリでクラウドに保存された画像も選択することが可能です。

## 壁紙を変更する

**(1)** P.20を参考に「設定」アプリを起動し、＜外観＞→＜壁紙＞の順にタップします。

**(2)** ＜壁紙＞をタップします。

**(3)** ＜マイフォト＞をタップします。

**(4)** 壁紙にしたい写真をタップして選択します。

**5** ピンチアウト／ピンチインで拡大／縮小し、ドラッグで位置を調整します。

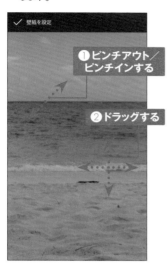

**6** 調整が完了したら、＜壁紙を設定＞をタップします。

**7** 「壁紙を設定」画面が表示されるので、変更したい画面（ここでは＜ホーム画面＞）をタップします。

**8** ◯をタップし、ホーム画面に戻ると、P.174手順④で選択した写真が壁紙として表示されます。

**Application**

# アラームをセットする

SO-41Bにはアラーム機能が搭載されています。指定した時刻になるとアラーム音やバイブレーションで教えてくれるので、目覚ましや予定が始まる前のリマインダーなどに利用できます。

## アラームで設定した時間に通知する

7

(1) ホーム画面で<アプリ一覧ボタン>をタップし、<時計>をタップします。

(2) <アラーム>をタップして、⊕をタップします。

(3) 時刻を設定して、<OK>をタップします。

(4) アラーム音などの詳細を設定する場合は、各項目をタップして設定します。

(5) 指定した時刻になると、アラーム音やバイブレーションで通知されます。<解除>をタップすると、アラームが停止します。

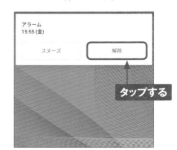

# アプリのアクセス許可を変更する

Application

アプリの初回起動時にアクセスを許可していない場合、アプリが正常に動作しないことがあります（P.20MEMO参照）。ここでは、アプリのアクセス許可を変更する方法を紹介します。

## アプリのアクセスを許可する

**(1)** P.20を参考に「設定」アプリを起動し、＜アプリと通知＞→＜○個のアプリをすべて表示＞の順にタップします。

**(2)** 「アプリ情報」画面が表示されたら、アクセス許可を変更したいアプリ（ここでは＜カレンダー＞）をタップします。

**(3)** 選択したアプリの「アプリ情報」画面が表示されたら＜許可＞をタップします。

**(4)** 「アプリの権限」画面が表示されたら、アクセスを許可する項目をタップして＜許可＞＜許可しない＞に切り替えます。

7

# おサイフケータイを設定する

SO-41Bはおサイフケータイ機能を搭載しています。2021年6月現在、電子マネーの楽天Edyをはじめ、さまざまなサービスに対応しています。

Application

## おサイフケータイの初期設定を行う

**(1)** ホーム画面で＜アプリ一覧ボタン＞をタップし、＜おサイフケータイ＞をタップします。

タップする

**(2)** 初回起動時はアプリの案内や利用規約の同意画面が表示されるので、画面の指示に従って操作します。

タップする

次へ

**(3)** 「初期設定」画面が表示されます。初期設定が完了したら＜次へ＞をタップし、画面の指示に従ってGoogleアカウント連携などの操作を行います。

初期設定

おサイフケータイの設定が完了しました。

タップする → 次へ

**(4)** サービスの一覧が表示されます。説明が表示されたら画面をタップし、ここでは、＜楽天Edy＞をタップします。

≡ おすすめ

マイサービス　　おすすめ

¥ 電子マネー

タップする

WAON
お買物の度にWAONポイントまたはJALのマイルが貯まります。
AEON Co., ltd

R Edy 楽天Edy
お好きなポイントを選んで貯めることができます。チャージ手段も豊富♪
楽天Edy株式会社

Q QUICPay
サインや事前のチャージがいらないポストペイ型の電子マネーです。
株式会社ジェーシービー ほか

**(5)** 「おすすめ詳細」画面が表示されるので、<サイトへ接続>をタップします。

**(6)** Google Playが表示されます。<インストール>をタップします。

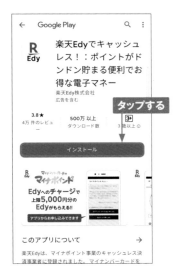

**(7)** インストールが完了したら、<開く>をタップします。

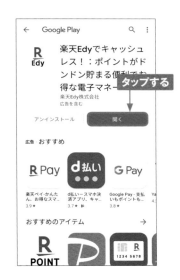

**(8)** 「楽天Edy」アプリの初期設定画面が表示されます。<はじめる>をタップし、画面の指示に従って初期設定を行います。

Application

# Wi-Fiを設定する

自宅のアクセスポイントや公衆無線LANなどのWi-Fiネットワークが
あれば、4G ／ LTE回線を使わなくてもインターネットに接続できま
す。Wi-Fiを利用することで、より快適にインターネットが楽しめます。

## Wi-Fiに接続する

**(1)** P.20を参考に「設定」アプリを
起動し、＜ネットワークとインター
ネット＞をタップします。

**(2)** 「Wi-Fi」が ● の場合は、タップ
して ● にします。＜Wi-Fi＞をタッ
プします。

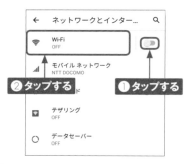

**(3)** 接続先のWi-Fiネットワークをタッ
プします。

**(4)** パスワードを入力し、＜接続＞を
タップすると、Wi-Fiネットワーク
に接続できます。

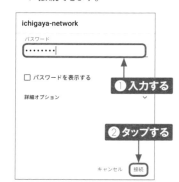

# ■ Wi-Fiネットワークを追加する

**(1)** Wi-Fiネットワークに手動で接続する場合は、P.180手順③の画面を上方向にスクロールし、画面下部にある<ネットワークを追加>をタップします。

**(2)** 「ネットワーク名」にSSIDを入力し、「セキュリティ」の項目をタップします。

**(3)** 適切なセキュリティの種類をタップして選択します。

**(4)** 「パスワード」を入力して<保存>をタップすると、Wi-Fiネットワークに接続できます。

# Wi-Fiテザリングを利用する

Application

「Wi-Fiテザリング」は、SO-41Bを経由して、同時に最大10台までのパソコンやゲーム機などをインターネットに接続できる機能です。一部の契約プランでは有料で、利用には申し込みが必要です。

## ■ Wi-Fiテザリングを設定する

(1) P.20を参考に「設定」アプリを起動し、<ネットワークとインターネット>をタップします。

(2) <テザリング>をタップします。

(3) <Wi-Fiテザリング>をタップします。

(4) <アクセスポイント名>と<Wi-Fiテザリングのパスワード>をそれぞれタップして入力します。

**(5)** <OFF>をタップします。

タップする

**(6)** ⬜が⬜に切り替わり、Wi-Fiテザリングがオンになります。ステータスバーに、Wi-Fiテザリング中を示すアイコンが表示されます。

アイコンが表示される

**(7)** Wi-Fiテザリング中は、ほかの機器からSO-41BのSSIDが見えます。SSIDをタップして、P.182手順④で設定したパスワードを入力して接続すれば、SO-41B経由でインターネットに接続することができます。

SO-41BのSSID

**7**

### MEMO Wi-Fiテザリングを オフにするには

Wi-Fiテザリングを利用中、ステータスバーを2本指で下方向にドラッグし、<テザリング>をタップすると、Wi-Fiテザリングがオフになります。

タップする

# Bluetooth機器を利用する

Application

SO-41BはBluetoothとNFCに対応しています。ヘッドセットやスピーカーなどのBluetoothやNFCに対応している機器と接続すると、SO-41Bを便利に活用できます。

## Bluetooth機器とペアリングする

(1) あらかじめ接続したいBluetooth機器をペアリングモードにしておきます。続いて、P.20を参考に「設定」アプリを起動して<機器接続>をタップします。

(2) <新しい機器とペア設定する>をタップします。Bluetoothがオフの場合は、自動的にオンになります。

(3) ペアリングする機器をタップします。

(4) <ペア設定する>をタップします。

**(5)** 機器との接続が完了します。✿ をタップします。

**(6)** 利用可能な機能を確認できます。なお、<接続を解除>をタップすると、ペアリングを解除できます。

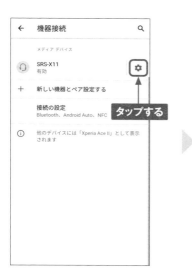

---

**MEMO  NFC対応のBluetooth機器の利用方法**

SO-41Bに搭載されているNFC（近距離無線通信）機能を利用すれば、NFC対応のBluetooth機器とのペアリングや接続がかんたんに行えます。NFCをオンにするには、P.184手順②の画面で<接続の設定>→<NFC/おサイフケータイ>をタップし、「NFC/おサイフケータイ」がオフがになっている場合はタップしてオンにします。SO-41Bの背面を対応機器のNFCマークにタッチすると、ペアリングの確認通知が表示されるので、<はい>→<ペアに設定して接続>→<ペア設定する>の順にタップすれば完了です。あとは、NFC対応機器にタッチするだけで、接続／切断を自動で行ってくれます。

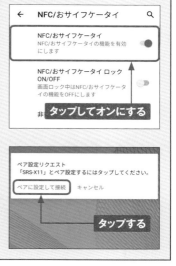

**7**

185

# STAMINAモードで
# バッテリーを長持ちさせる

Application

SO-41Bの省電力モードのうち、「STAMINAモード」は特定のアプリの通信やスリープ時の動作を制限して節電します。アプリによっては、動作の制限を受けないよう設定することが可能です。

## STAMINAモードを自動的に有効にする

(1) P.20を参考に「設定」アプリを起動し、<バッテリー>→<STAMINAモード>の順にタップします。

(2) 「STAMINAモード」画面が表示されたら、<今すぐONにする>をタップします。

(3) 画面が暗くなり、STAMINAモードが有効になったら、<スケジュールの設定>をタップします。

(4) <残量に基づく>をタップし、スライダーを左右にドラッグすると、STAMINAモードが有効になるバッテリーの残量を変更できます。

# STAMINAモード時の動作制限を解除する

**(1)** P.20を参考に「設定」アプリを起動し、＜アプリと通知＞をタップします。

**(2)** ＜詳細設定＞→＜特別なアプリアクセス＞をタップします。

**(3)** ＜省電力機能＞をタップします。

**(4)** ＜最適化していないアプリ＞→＜すべてのアプリ＞の順にタップします。

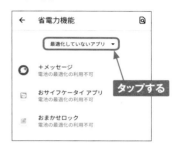

**(5)** STAMINAモード時に動作を制限したくないアプリ（ここでは＜アドレス帳＞）をタップします。

**(6)** ＜最適化しない＞をタップし、＜完了＞をタップします。

Section **73**

# 本体ソフトウェアを
# アップデートする

Application

本体のソフトウェアは更新が提供される場合があります。ソフトウェアアップデートを行う際は、事前にP.132を参考にデータのバックアップを行っておきましょう。

## ソフトウェアアップデートを確認する

**(1)** P.20を参考に「設定」アプリを起動し、＜システム＞をタップします。

**(2)** ＜詳細設定＞をタップします。

**(3)** ＜システムアップデート＞をタップします。

**(4)** アップデートがある場合は、＜再開＞をタップするとダウンロードとインストールが行われます。

### MEMO ソニー製アプリの更新

一部のソニー製アプリは、Google Playでは更新できません。手順③の画面で＜アプリケーション更新＞をタップすると更新可能なアプリが表示されるので、＜インストール＞→＜OK＞の順にタップして更新します。

# 本体を初期化する

Application

動作が不安定なときは、初期化すると改善する場合があります。な
お、重要なデータはP.132を参照して事前にバックアップを行って
おきましょう。

## 本体を初期化する

**(1)** P.188手順③の画面で、<リセッ
トオプション>をタップします。

**(3)** メッセージを確認して、<すべて
のデータを消去>をタップします。

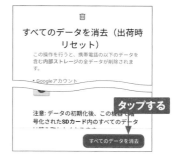

**(2)** <すべてのデータを消去>をタッ
プします。

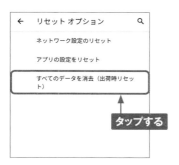

**(4)** <すべてのデータを消去>をタッ
プすると、初期化されます。

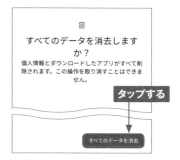

# 索引

## ■ お問い合わせについて

本書に関するご質問については、本書に記載されている内容に関するもののみとさせていただきます。本書の内容と関係のないご質問につきましては、一切お答えできませんので、あらかじめご了承ください。また、電話でのご質問は受け付けておりませんので、必ずFAXか書面にて下記までお送りください。
なお、ご質問の際には、必ず以下の項目を明記していただきますようお願いいたします。

1 お名前
2 返信先の住所または FAX 番号
3 書名
　（ゼロからはじめる　ドコモ Xperia Ace II SO-41B　スマートガイド）
4 本書の該当ページ
5 ご使用のソフトウェアのバージョン
6 ご質問内容

なお、お送りいただいたご質問には、できる限り迅速にお答えできるよう努力いたしておりますが、場合によってはお答えするまでに時間がかかることがあります。また、回答の期日をご指定なさっても、ご希望にお応えできるとは限りません。あらかじめご了承くださいますよう、お願いいたします。ご質問の際に記載いただきました個人情報は、回答後速やかに破棄させていただきます。

## ■ お問い合わせの例

### FAX

1 お名前
　技術　太郎

2 返信先の住所または FAX 番号
　03-XXXX-XXXX

3 書名
　ゼロからはじめる
　ドコモ　Xperia Ace II
　SO-41B　スマートガイド

4 本書の該当ページ
　40 ページ

5 ご使用のソフトウェアのバージョン
　Android 11

6 ご質問内容
　手順3の画面が表示されない

## ■ お問い合わせ先

〒 162-0846
東京都新宿区市谷左内町 21-13
株式会社技術評論社　書籍編集部
「ゼロからはじめる　ドコモ Xperia Ace II SO-41B　スマートガイド」質問係
FAX 番号　03-3513-6167
URL：https://book.gihyo.jp/116/

# ゼロからはじめる ドコモ Xperia Ace II SO-41B スマートガイド
（エクスペリア　エース　マークツーエスオー　ヨンイチビー）

2021 年 8 月 11 日　初版　第 1 刷発行
2021 年 9 月 22 日　初版　第 2 刷発行

著者 ·························· 技術評論社編集部（ぎじゅつひょうろんしゃへんしゅうぶ）
発行者 ······················ 片岡　巖
発行所 ······················ 株式会社　技術評論社
　　　　　　　　　　　　　東京都新宿区市谷左内町 21-13
電話 ························· 03-3513-6150　販売促進部
　　　　　　　　　　　　　03-3513-6160　書籍編集部
装丁 ························· 菊池　祐（ライラック）
本文デザイン・DTP ········· リンクアップ
編集 ························· 田中　秀春
製本／印刷 ·················· 図書印刷株式会社

**定価はカバーに表示してあります。**

ISBN978-4-297-12275-1 C3055

Printed in Japan